U0162972

赵 鹏 著

天人之际
山水之间

——

空间意识与中国古代
园林风格的流变

中国建筑工业出版社

图书在版编目（CIP）数据

天人之际　山水之间：空间意识与中国古代园林风格的流变 / 赵鹏著. —北京：中国建筑工业出版社，2023.5（2024.12 重印）
ISBN 978-7-112-28679-9

Ⅰ.①天… Ⅱ.①赵… Ⅲ.①古典园林—园林艺术—研究—中国 Ⅳ.①TU986.62

中国国家版本馆CIP数据核字（2023）第074099号

责任编辑：杜　洁　兰丽婷
责任校对：党　蕾

天人之际　山水之间
——空间意识与中国古代园林风格的流变
赵　鹏　著

*
中国建筑工业出版社出版、发行（北京海淀三里河路9号）
各地新华书店、建筑书店经销
北京锋尚制版有限公司制版
北京中科印刷有限公司印刷
*
开本：880毫米×1230毫米　1/32　印张：4　字数：69千字
2023年5月第一版　　2024年12月第三次印刷
定价：**30.00**元
ISBN 978-7-112-28679-9
（41127）

前言

　　对自然思考关联着对人的思考。甚至可以说，对自然的思考就是对人的思考，对人的思考就是对自然的思考。而所有上述便构成文化的内容。从某种角度而言，文化即人的"文化"。一方面，人创造了文化；一方面，文化也造就了人。人的一举一动都脱离不了文化的影响。人对文化的超越只是对某一具体个别的文化因素的超越，超越以后的人仍在文化中，这个文化一方面包含着新因素，一方面旧的成分仍存。

　　中国园林与人的其他境域相比，同时集中了大量的自然因素、文化因素和人的因素。因而展开对它的研究，也就避免不了对"自然、文化、人"的全面考察。空间意识因其与上述三者的密切关联，而成为一个很好的切入点。

　　空间意识一端指涉着哲学思考，一端指涉着景象营造；同时，也一端牵连着空间的形式实现，一端牵连着人对空间形式的感知。因此对空间意识的深入研究，对于加深对中国园林的理解是不无裨益的。本文拟通过对天人之际观念的变迁的考察，概括出相应的空间意识，并具体指出其与同时期园林风格的关联。

　　对中国古典园林的研究，除了一些针对具体的个别的园林作就事论事的分析文章外，较有体系的可分三类：

一、园林史类的，如汪菊渊的《中国古代园林史纲》、周维权的《中国古典园林史》等。

二、从文化角度讨论园林与文化的关系的，如王毅的《园林与中国文化》等。

三、从园林自身角度谈园林空间建设的，如彭一刚的《中国古典园林分析》等。

其中第二类作为社会学者论述园林，对属于园林自身的空间分析阐述不足，第三类为建筑学者论述园林，对园林的文化背景和文化内涵着墨不多。因此，今后对古典园林的研究，除了对上述课题的继续深入以外，还必须加强就东西方文化比较讨论中西园林的相关问题，就现实的境况展开对古典园林的评价以期有所借鉴，同时，将文化、园林和空间三者结合在一起，进行综合论述也是努力的一个方向。

对于后者，"空间意识"由于它同时牵涉了文化和空间两个方面，由此出发展开对园林的研究应是一个很好的角度。关于空间意识的研究，始见于宗白华先生于1936年发表的《中西画法所表现的空间意识》一文，宗先生在其以后论述包括中国园林在内的中国艺术时，屡屡涉及"空间意识"一语。后来张家骥先生在《中国造园论》中加以了转述和引申。本书也正是在前人的基础上，从"空间意识"的角度，结合文化和空间，进行对园林风格流变的研究工作。

　　本书拟通过对天人之际观念的变迁考察，提炼出相应的空间意识，以指涉其与同时期园林风格的关联。因此，在写作过程中，视野将不得不放开，以扩展到整个文化的范畴。中国古代主要有三种文化思潮：先秦时期生成的儒家和道家，以及明清之际产生的启蒙思潮。文化发展史因此也可划分为先秦的生成期、秦汉至明清之际的发展期、明清之际以后的分化期❶。本书将文化思潮与文化史分期相结合，同时根据所要论述的空间意识和园林风格的具体内容，作相关调整，归并为四个主题，即园林作为合礼的空间（儒家"合乎礼制"的思想，先秦两汉时期）；园林作为体道的空间［道家"体认（天）道"的思想］；园林作为审美的空间（魏晋至明清之际对美的开发）；园林作为生活的空间（启蒙思潮对生活的重新认识，明清之际以后）。

　　本书重点要解决的问题是明确空间意识、中国文化和中国园林的关联，指出与各时期主流文化相对应的空间意识和空间形态的特征。其中，第三章对魏晋以后园林和第四章明清之际以后园林的论述是本书的重中之重。

❶　成复旺，《中国古代的人学与美学》，中国人民大学出版社，1992年，24页。另参：张世英，《天人之际——中西哲学的困惑与选择》，人民出版社，1995年，14~43页。

目录

第1章

园林作为合礼的空间

在各自不同的立场上对神秘进一步地条理化，产生了后世的各种文化。儒家基于对人际的考察，和为此种认识找寻神圣有力的形而上的依据努力，确立了以社会为本位、以"仁"为核心、以"礼"为外在表达的天人合一观。合乎礼制的空间通过某种秩序，强调等级的差别，突出中心的地位；中心也依据此种秩序来统摄全局。一切都依据秩序向中心生成，因而"秩序"和"中心"就成了合礼的空间的主要词汇。基于此种空间意识，体现在秦汉的宫苑营造上，便是对高、大、全的追求，对雄浑和充盈风格的追求。

巍然成山：孔子像
    （吴为山作品，中国国家博物馆展品）

1.1 "仁"和"礼"
—— 儒家天人观的实质

1.1.1 "以德配天"
—— 儒学的一个重要的立论依据

产生于春秋末期的儒学和其前后的诸子学说一样，都不同角度、不同程度地发展了上古文化。其中周的"礼"文化（广义上被认为是模范后世的农业-宗法型制度和伦理-政治型文化）作为最近的文化共享资源对诸家学说给予了最大的影响。

其中，孔子以正统自居。从"久矣，吾不复梦见周公"❶中可明显地感知儒家的传承关系。在礼崩乐坏的年代，周礼却是孔学维护的对象。周公是孔子尊崇的一位圣人。周公所提出的"以德配天"的思想更为孔子所继承，成为后期儒学研究天人之际时的一个主要的立论依据。

1.1.2 "天人合一"和"天人相分"
—— 儒学的天人框架

天人最基本的关系在于存有论上的人与天的同一，即人与天在根本意义上处于同一整体，也即程颢所谓"天人本无二，不必言合"❷，庄子在

《大宗师》里所言"其一也一，其不一也一"。因此，中国古人对天人关系的讨论大多隐含了这一前提，"天人合一"也成为古人论述天人关系的最后结论。否则，"给予宇宙人生以普遍性的解释"便存在着理论上的陷阱❶。当然，也有例外。

孔子也许就可算是个例外。一方面，孔子继承了周公的"以德配天"的思想，指出"唯天为大"❷，说"获罪于大，无所祷也"❸。在赋予"天"以无上地位的同时，也赋予其道德义理的含义，有着朦胧的"天人合一"的思想。另一方面，"罕言天道"又是后人对孔子的评价❹。庄子在《齐物论》里就指出"六合之外，圣人存而不论"。对于宇宙问题，圣人不感兴趣，对于神的问题，圣人接受传统的见解，所谓"敬鬼神而远之"❺。但孔子却对"人道"有着较系统的思想。这是孔子对中国文化的贡献。在中国哲学史上，他确立了传统哲学的人学主题。这一主题制约了也决定了整个儒家的天人之学的发展，即天道与人道相比较，更重人道，所谓"天道远，人道迩"❻；天人或同质或同构，都只能在道德意义上合一。

孔子的后学孟子和荀子分别发展了他的这两个方面。其中，孟子承接了"唯天为大"的思想，提出"性善论"，将"仁"落实到了人心，使之成为人的根本所在。同时又指出"尽其人者，知其性

❶ 参看：吴国盛，《希腊空间观念的演变》，四川教育出版社，1994年，27页。

❷《论语·泰伯》。"子曰：'大哉，尧之为君！巍巍乎，惟天为大，惟尧则之'"。

❸《论语·八佾》。

❹《论语》中"道"七十七见，多是"人伦"之道，"天道"一词仅一见，即子贡言："夫子之言性与天道，不可得而闻也"（《论语·公冶长》）。参：陈彭应，《老庄新解》，上海古籍出版社，1992年，71页。

❺《论语·雍也》。参看：冯友兰，《中国哲学简史》，北京大学出版社，1996年，71~77页。转引自：李存山，《道家主干地位说献疑》，《哲学研究》，1990年第4期。

❻《郑语·子产》。

❶《孟子·尽心上》。

也。知其性，则知天也"❶。提出了天（命）—人（性）的天人框架，进一步贯通了天人，为封建义理寻找到了形而上的根据。发展了较为明确的"天人合一"的思想。

而荀子则继承了"罕言天道"的一面。他剥去了天的"义理"的外衣，指出天只是"阴阳大化"的自然之天，提出"天人相分"的观念，并明确表达了"人定胜天"的思想。之后，如孔子般，把注意力扎实地集中在人道—社会关系领域了，专心致志地建设一个地主阶级的王国。

荀子的"天人相分"观念在后期儒者中也时有出现，但占主流地位的始终是孟子的"天人合一"思想。然而这两者之间的区别，包括荀子的"性恶"和孟子的"性善"之争，较之于儒家的基本内核"仁道"而言，也就不具重大的意味。归根结底，他们都是从"君臣大义"出发，并以维护"君臣大义"为旨归的。

荀子以后，汉代董仲舒揉以阴阳五行思想，将孟子的"天人合一"思想经学化，也更加政治化。以后，在宋代发展为程朱理学，在明代又完成了陆王心学，走的基本上都是孟子的形而上的神秘主义的道路。其中，程朱理学将孟子的形而上的天人合一的世界越发地体系化和精致化。

1.1.3 "仁"和"礼"
——儒学的天人之学

看清儒学天人框架的实质，对将儒学思想概括为人文主义的思想，也就是可以理解的了❶。当然这里的人文主义并不等同于近代西方启蒙思潮所倡导的人文主义，它也不包含有我们今天一般提倡的自由和平等的主题。

❶《中国文化辞典》第8页。另见：金春峰，《论〈吕氏春秋〉的儒家倾向及其与〈淮南子〉基本倾向的区别》，《哲学研究》，1982年第12期。

与道家自然主义相对，儒家的人文色彩较为浓厚。它强调不能离开其社会存在而空谈自然之人（荀子在《解弊》文中指出"道家弊在知天不知人"是中肯的）。这一点与马克思关于人的著名论断"人是各种社会关系的总和"倒是相似。事实上，整个儒学确实是立足于此点来把握人的本质的。只不过这里仍然存在着一个先验的框架——儒学所要维护和服务的宗法集权社会左右着儒者的视线，儒学之人因而也就表现为宗法社会的完全角色。

具体而言，儒学即是以维护王权和宗法社会的等级秩序为出发点和最终目的，通过"正名"确立各种人的社会身份及其相应的伦理规范，以使每个人都有严格的属于自己名分的，并且应该遵守的规范，从而最终完全融入社会，实现现实社会的稳定和持续，保证帝王以及以帝王为代表的统治阶级权益的最大实现。

❶《论语·颜渊》。

"君君、臣臣、父父、子子"❶是儒家人学的纲领。儒者的诸多言说，事实上只是这一命题的论证和发挥，而"仁"便是在论证过程中提出的一个核心观念。"为人臣者怀仁义以事其君，为人子者怀仁义以事其父，为人弟者怀仁义以事其兄。是君臣、父子、兄弟去利，怀仁义以相接也，然而不王者，未之有也"❷。

❷《孟子·告子下》。

❸《易传·系辞》。

围绕这个纲领，一方面"天尊地卑，乾坤定矣；卑高以陈，贵贱位矣"❸。以自然界的等级秩序为人类社会的等级秩序立法，这是儒家天人之学的一大特征。另一方面又从划清人与禽兽界限的逻辑起点出发，排除似乎与禽兽相同的食、色、情欲等人的自然属性，而只留下人所独具的仁、义、孝、悌等宗法社会的道德属性，以此为人之本，从而为宗法社会的君臣之道在人本身找到依据，成全了此种尊卑有位的思想❹。一面是天理，一面是人心，于是双管齐下；"格物、致知、诚意、正心"，然后"修身、齐家、治国、平天下"❺，终于一气呵成。前述周公的"以德配天"在此也得到了落实。

❹ 成复旺，《中国古代的人学和美学》，中国人民大学出版社，1992年，28~37页。

❺《礼记·大学》。

"仁"作为诸德之帅而成为儒家天人之学的核心观念。"仁学"也成为儒学的别称。"仁"是个人道德修养的内在依据，大而化之，成为普天下的存在根本。同样，"礼学"是儒学的另一个别称。坐而论道依"仁"，起而行之成"礼"。"礼"是个体行"仁"的外在表达，扩而充之，成为宗法社会的规章制度。儒学之"仁"为社会之"礼"找到了理论上的依靠。

《论语·颜渊》篇前三章就是三个学生问"仁"，其中首章对颜渊的回答较集中地表达了"仁"和"礼"的关系。"颜渊问仁。子曰：'克己复礼曰仁。一日克己复礼，天下归仁焉。为仁由己，而由人乎哉！'"那么实行仁的具体条目又是什么呢？"子曰'非礼勿视，非礼勿听，非礼勿言，非礼勿动'"。最后是颜渊表态，说"回虽不敏，请事斯语矣"。

"仁"虽存着本心，"礼"似乎更为自明。因为"回虽不敏"，但他并未问"礼"。这原因也是自明的。"礼"处于制度层面当然地要比处于精神层面的"仁"更为外显。春秋时代，虽然礼崩乐坏，但"礼"多少还会留存。也许当时一般的人是用礼来对付别人的。这大概也是孔子在本章中强调"为仁由己，而由人乎哉"的原因。

现实主义的荀子要直率坦白得多。"礼者，贵贱有等，长幼有序，贫富轻重皆有称者也。"❶ 何以用"礼"——"人之生，不能无群；群而无分则争，争则乱乱则穷矣。故无分者，人之大害也；有分者，天下之本利也；而人君者，所以管分之枢要也"❷。"夫贵为天子、富有天下，是人情之所同欲

❶《荀子·富国》。转引自：成复旺，《中国古代的人学和美学》，中华人民大学出版社，1992年，35页。

❷《荀子·富国》。转引自：成复旺，《中国古代的人学和美学》，中华人民大学出版社，1992年，33页。

也。然则从人之欲则势不能容，物不能赡也。故先王案为之制礼义以分之，使贵贱有等，长幼有差，知愚能不能之分"。❶

儒学基于宗法社会等级关系的考察和认同，执"仁"行"礼"，一心匡扶王权。自仲尼创生之日起二百五十年后，即公元前213年被秦王嬴政"坑"了一把，又一百年后复兴，于公元前136年被汉武从百家中挑出，定于独尊。从此，"求仁得仁"，终为王权所维护，开始了长达两千年之久的政治与思想的大合作。之后朝代不断更迭，而接力棒却始终只是"儒学"这根。儒学思想对后世中国的各个方面的影响无与伦比，成为大一统集权帝国中，上至皇帝、下至平民自觉不自觉的主流意识形态。

❶《荀子·荣辱》。转引自：成复旺，《中国古代的人学和美学》，中华人民大学出版社，1992年，34页。

1.2　中心与秩序
　　——合礼的空间结构

　　天人之际普遍表现出的秩序性和规律性，是哪一个更先为人类所认知而启蒙着人们对另一秩序和规律的认识？这个问题恐怕不会再有答案。或者在人已能明晰天人之分以后，是哪个更让人类感到惊奇？恐怕也不会再有答案。所谓"哲学起于惊讶，开始总是对自己之外的事物产生好奇，然后乃将注意力转向自身"并不仅是定论。这是个既无法证实，也无法证伪的答案❶。

　　可以用一个词来取消追问。那就是"天人相参"。当然这也只是取消而不真就是解决了争议。不过本节在提出这个小引之后，将不再纠缠于此，而直接由源涉流，讨论已经成就"仁""礼"架构的儒家思想对先在空间观念的继承、总结和发展。

1.2.1　宇宙的合礼化存在

　　远古时代缺少纯粹意义上的空间观念。它起码同时还杂和着精神的、伦理的以及宗教的等各方面内容而成为一个多方信息的统一体。"四方上下曰宇，往古今来曰宙"。这是关于时空的一句简单

❶ 相反的意见，即"（中国）最初的哲学思想，全是当时社会政治的现状所唤起的反动"。语出：胡适，《中国哲学史大纲》，上海古籍出版社，1997年，38~39页。

❶ 吴国盛，《时间的观
念》，中国社会科学出版
社，1996年，28页。

而明确的表述，甚至可以说是近代绝对时空观的最
古老的表述。❶但这句话的背后却不知担负了多少
的内容。就像本来只具备时间意义的生辰八字却被
认为同时孕合了一个人的命运密码，要承担着此人
日后的种种。

　　宇宙因其广袤无边、运转不息的超人尺度，
以及至大无外、囊括万物的超凡气度，吸引着人，
更迷惑着人，以至成为不可知的神秘（至今仍沿用
的"只有天晓得"便透露出这源自远古的气息）。
但另一方面，也正因为它的天地人间的无所不包，
似乎又是可以为人把握的——在它之中肯定蕴涵了
某种总括万物的终极真理或最高原则，而且这最高
原则同时还应是能给人类以指导意义且应为人类所
遵循的人间正道。

　　当仁不让，在继承了"以德配天"的儒家看
来，这个"正道"就是其所高举的"仁""礼"大
旗——"仁"就是宇宙大化的所以流行，"礼"就
是其如何流行。"夫礼，天之经也，地之义也，人
之行也"❷。儒家的宇宙观因而是道德的，同时也
是合符礼制化——合礼化的。概括而言，合礼化的
空间存在突出的便是"中心"和"秩序"的概念。

❷ 《郑语·子产》。

1.2.2 "天保"与"土中"
——对"中央"的崇拜情结

奥秘无穷的宇宙自然，尤其是神秘的天空，总是能够给予人类以多方的启迪。抬头看天，北斗星的运转，好像总是围绕着一点——这个点就是北极。肉眼看来，浩瀚苍茫的天穹中，北极位于天之中央，恒定不动，而满天的星辰偕同北斗，按部就班，围绕它作规律而永恒的运动。这"天保"指的就是天的中心，也即北极。众星拱卫的北天区，显示了某种理想的等级分明的秩序，提供了一个中央神圣的可以看得见而又高高在上的范式。中华民族在对北极天区神秘性的发现和体认的基础上，"产生了中央崇拜的宗教性情感"[1]（图1-1）。

与"天保"相对应的就是"土中"——大地的中心。它的意义一方面因处于地之中心而崇高，另一方面因与"天保"的对应而无上。这里，土中已经不只是空间意义上的中心了。后来的《吕氏春秋》明确地规定了定都的原则："择天下之中而立国，择国之中而立宫"[2]。当年周武王克商立周，因迟迟"未定天保"而终日惶惶。后遍察国中，终于在伊洛平原找到了"无远天室"的地之中心——"土中"。成王即位，设都土中，落成天保，举国上下一片欢喜若狂——《诗经·小雅·天保》连续

[1] 陈江风，《天人合一观念与华夏文化传统》，生活·读书·新知三联书店，1996年，56页。

[2] 参看：侯幼彬，《中国建筑的等级表征合列等方式》，《建筑史研究论文集1946—1996》，清华大学出版社，1996年。

图1-1　南宋苏州石刻天文图
　　　（图片来源:《灿烂星河:中国古代星图》, 7页）

三章对此加以咏叹。"天保"和"土中"在这里已经明确成为天命和王权的象征了。

　　由于儒家和阴阳学说的结合以及它们的反复灌输，这种对中心的崇拜情结在中国历史上俯拾皆是。如果说"群星拱极"是天国的模式，那么"辐辏向心"也就是人间的法则。这之中体现的是相同的观念。家长是家庭的中心，国君是世人的中心。荀子要抬高人的地位，就说人能"参天地之化育"而位于天地的中心，老庄要否定人的地位，就说人并不处于中心。中心的观念，使得当明朝时西人利玛窦进献所绘世界地图时，天朝人士或哂笑，或叱怒，或惶恐。因为在图中，"中国"居然不在中心^❶。

❶ 《新华文献》，1992年第2期。又，"中国者，天下之中心之国也，海内之居中也"，见：王培元，《华夏中心主义的幻灭及近代中国爱国主义的产生》《新华文献》，1994年第12期。

1.2.3　秩序
——中心崇拜的体系化和精致化

　　中心对于空间的特殊意味，事实上从前文所引关于"宇宙"之"宇"的字面解释中便可隐约感觉。因为当我们在说"四方上下"的时候，必然已经预设了一个基点，而这个基点就是空间的中心，可见中心对于空间的决定意义。这一点也符合现代人对空间的理解，即有中心和有广延。

　　而当我们明确了某空间的中心，也就必然地

带来了空间的秩序化。这种秩序化首先便来源于空间内中心和非中心点的区别和势差。题头所谓带来中心崇拜体系的完全化和精致化的秩序则是对上述区别的再区别和在势差中再辨势差，这包括了中心和各个别非中心点的具体区别以及各非中心点彼此之间的区别。

首先一点，便是对方向的再区分。古时表述空间的词汇中，"天下"还只是混沌的、无差别的一片。"六合"和"宇宙"便是方向认识上是一种进步，是对"天下"混沌一片的初步澄清。它已经能够有明确的对四个方向的认识。待到"八方"观念产生，则标示着对四正和四隅之间进一步的明辨。

人类对于方向的感知，从无到有，从日出日落的两个方向发展到四个方向，再到八个方向的确立，是认识史上的大事。而对方向的明晰，是对宇宙模式的进一步深入探索的前提。后来的八卦体系便是在有八方的观念的基础上产生的[1]。意义在区别之处诞生，意义和意义的组织也就是秩序。中华民族自有的阴阳五行观念，使得方向成为空间秩序中一个须重点考虑的因素。

其次就是对于位置的认识。这一点在单层结构中还不明显。一旦中心至边缘的层次需要进一步明确，或者要构成一多层结构时，位置的变化对于

[1] 陈江风，《天人合一观念与华夏文化传统》，生活·读书·新知三联书店，1996年，88页。

空间秩序的组织的意义也就显现出来了。中国自古就有的"内外有别""亲疏之分"在空间中的反映就是距离中心点的远近的差别。综上,可大致区分出如此四种空间结构:单层、多层、多层定向、定向(图1-2)。

用"中心"和"秩序"来概括合礼化的空间存在的结构是妥当的。它包括如下内容:即合乎礼制的空间通过某种秩序,强调等级的差别,突出中心的地位;中心也依据此秩序统摄全局,一切都依据秩序向中心生成。当然,"中心"和"秩序"观念本身并不是儒家所独创和独有。但儒家从自己的角度对之加以了理论上的概括和证明,并从理论建设的完整性和与政权结合所需求的现实化出发,引而伸之并扩而充之,而衍生于社会政治、生活的各个领域,并渗入民族的深层文化心理。这却是儒家独有的大作为。

秦汉宫苑营造的诸多追求和具体手法也可从上文对中心和秩序的简述中得到解释。在庞大宫苑群中建立起统一的格局和具有统摄地位的主建筑和主建筑群,是秦汉政治观和宇宙观在园林艺术中直接的体现,也是前述之中心与秩序观念的直接运用。

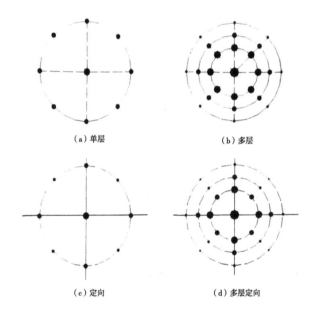

(a) 单层　　　　　　　　　　（b) 多层

(c) 定向　　　　　　　　　　（d) 多层定向

图1-2　合礼的空间模式

1.3 雄浑，充盈
——秦汉宫苑的美

1.3.1 充盈之美与帝王心态

礼制文化围绕并维护王权展开。中央集权的国家体制决定了儒家的宗法礼制文化成为其思想的代言人。当我们在讨论秦汉宫苑之美时，也同样不能不考虑作为宫苑主人的帝王身份，可以说正是这位居人极的帝王身份决定了其宫苑的雄浑与充盈之美。

《汉书·高帝纪》说：高祖七年，"萧何治未央宫。立东阙、北阙、前殿、武库、大仓。上见其壮丽，甚怒。谓何曰：'天下匈匈，劳苦数岁，成败未可知，是何治宫室无度也！'何曰：'……且夫天子以四海为家，非令壮丽，亡以重威。且亡令后世有以加也。'"❶

这段话说明了"非令壮丽"则不可与"以四海为家"的帝王身份相称，明白地道出了以壮丽宫室来表征天子重威的绝对必要性。更可堪玩味的是，指出这一点的并不是帝王本人，而只是其下的一位臣子，可见文化人物对此点的更为自觉。社会成员对尊卑有份等正名思想并不必然地只是被动地、自在地接受，而同样可能甚至更可能是主动、

❶ 《汉书高帝传》。转引自：王毅，《园林与中国文化》，上海人民出版社，1990年，50页。

自觉地维护（这与儒家学说的反复说教，当然是分不开的）。上节所言之宇宙的合礼化存在，在此即体现为神圣至上的王权的合理化存在，即社会性的认可。

帝王又是如何看待自身的呢？

"延尉斯等皆曰：昔者五帝地方千里，其外侯昭夷服，诸侯或朝或否，天子不能制。今陛下兴义兵、诛残贼，平定天下。海内为郡县，法令由一统，自上古以来未尝有，五帝所不及。臣等谨与博士议曰：'古有天皇、有地皇、有泰皇，泰皇最贵'。臣等昧死上尊号，王为'泰皇'。"

秦始皇批曰：去"泰"，著"皇"，采上古"帝"位号曰"皇帝"。并自号"始皇帝"。❶

"奋六世之余烈、振之策以御宇内"，成就海内一统、天下为家的伟业齐天的秦皇眼里又能有什么呢？也许略输文采，但却更显风流。这种气吞山河、横扫古今的政治气魄，带来的自然是目空一切的雄视眼光，也自然成就着自秦而汉的宫苑的雄浑气派。

同时，功盖一切、恩赐一切与占有天下是相辅相成的。后者是前者的逻辑后果❷。目空一切的雄视眼光的另一面便是目有一切的占有欲望。在"有"的观照下，万物集于帝王——"普天之下，莫非王土"；众人一于天子——"率土之滨，莫非

❶ 《史记·秦本纪》。转引自：刘泽华，《秦始皇神圣至上的皇帝观念：先秦诸子政治文化的集成》，《新华文摘》，1995年第3期。

❷ 刘泽华，《秦始皇神圣至上的皇帝观念：先秦诸子政治文化的集成》，《新华文摘》，1995年第3期。

图1-3 建章宫示意鸟瞰图

（图片来源：汪菊渊，《中国古代园林史》，2006年，58页）

王臣"。

王权是遍在的。在帝王的尺度里，总是"临察四方""听万事""理群物"。国土如此，园土也不能例外，要求"视之无端""察之无涯""穷之无穷"。从这个角度，目空一切的雄视眼光必然带来了囊括万物的充盈之美。而"雄浑"与"充盈"也正是此期宫苑风格的史实，体现出园林作为合礼空间的一种风格追求（图1-3）。

1.3.2　体天象地
—— 一统大帝国的象征

"在日常住宅的特定结构中都可以看到宇宙的象征符号。房屋就是世界的成像……它是人类模仿诸神的范例性的创造物，即模仿宇宙起源而为自己建造的"。❶这是一位西方人类学家研究原始文化的结论之一。这一论述，同样也符合着中国建筑包括宫苑营造的实际。

早期仰韶文化的遗址布局，已经带有鲜明的与天同构的色彩。"以北极为中心的天国"作为最早的对宇宙存在的条理化，此期已明显建立。在居住营地遗址的布局中，可以看到：村落是围成圆形的，这表达的是"以圆法天"的思想；所有房屋的大门都是朝向中心广场的，这表现的是对"群星拱

❶ 米尔希埃利亚德，《神秘主义、巫术与文化风尚》，《光明日报》出版社，1990年，32~34页。转引自：陈江风，《天人合一观念与华夏文化传统》，生活·读书·新知三联书店，1996年，124页。

极"的认同和模仿；村落只朝东方留出道路，反映
了东方主生，希望部落生机勃勃、繁荣昌盛的思想
（图1-4）。

这种格局，已经是一种富含意味的形式，昭
示着后世中国建筑风格的取向。"体象天地"更成
为后期宫苑营造的一个始终如一的传统。只是在
后期，这种对宇宙模式的发现、认同和模仿更为自
觉，其中蕴涵的意味更为多重，手法上也更为精熟
和多样。

作为统一大帝国的艺术象征，秦汉宫苑始终
以无比广大且秩序井然的天地宇宙作为其艺术模仿
的对象。一方面，宫苑巨大的平面空间象征着具辽
阔版图的帝国，又对应着在空间上趋于无限的天
地；另一方面，其辐辏向心和等级分明的群体布局
既符合了高度中央集权的国家观念和政治结构，也
反映着尊卑分明、秩序井然的天国秩序。而其中任
一单体对"高""大"的追求也同时符合着帝王君
临天下、四海为家的不凡气度和宇宙包罗万象的超
大尺度。❶

"仰模天象、合体辰极"是秦汉宫苑的共同追
求。平面空间的巨大和建筑、景观的充盈是秦汉宫
苑乃至历代皇家园林设计的共同表象。而在具体落
实过程中，秦汉又存在各自的不同，表现出时代和
认识的差异。

❶ 详参下节。

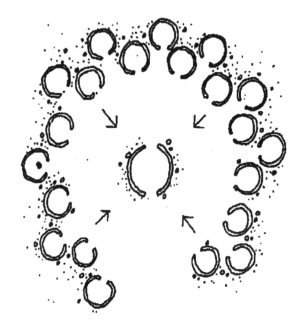

图1-4 石器时代遗址

（图片来源：《华夏意匠》，140页）

这种差异尤其表现在对庞大而又统一完整的总体格局的经营上。由秦而汉，这种对群体布局的把握越来越被重视。从单纯的罗列、简单的呼应到更为复杂的结构、更为深蕴的含义，庞大宫苑群中主建筑或主建筑群的中心地位日益突显，它们与附属建筑之间的统属关系更加地条理化和秩序化。当然，另一方面，由于仍处于中国文化的早期阶段，这种总体结构的经营还远远谈不上成熟。在自然和人工之间，仍然缺少密切的有机联系。❶尤其是在自然景观的营造上，突出的总是："视之无端""察之无涯""究之无穷"的"弥皋被岗""泱漭无际"的总体气势，更多的是大面积、远视距的粗犷景观❷。也许，这就是"略输文采"的可惜之处。

1.3.3 "量大为美"和"以高为贵"
——台与高台建筑

当我们用"金字塔结构"代替"辐辏向心"来描述合礼化的空间存在，来标示秦汉之际高度集权的政治结构时，"高度"的意义也就突显出来了❸（图1-5）。事实是，雄浑、充盈的秦汉宫苑的美，除了体现在前述之宫苑的巨大的平面尺度和井然的群体布局上，也同样体现在竖向上对高度的追求。前者是"量大为美"的反映，后者就是"以高为贵"

❶ 周维权，《中国古典园林史》，清华大学出版社，1990 年，37 页。

❷ 周维权，《中国古典园林史》，清华大学出版社，1990 年，37 页。

❸ 前者还只是"稳稳居中"，后者则另添"高高在上"。

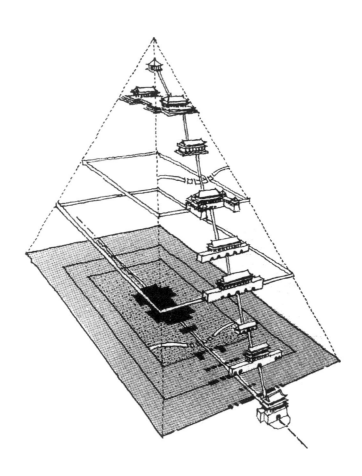

图1-5　合礼的空间——金字塔结构
（图片来源：《中国古典园林分析》）

❶ 参见：侯幼彬，《中国建筑的等级表征合列等方式》，《建筑史研究论文集 1946—1996》，清华大学出版社，1996 年。

❷ "高"字，古字作"畲"。见，刘敦桢，《中国古代建筑史》，中国建筑工业出版社，1980 年，31 页；又见：张法，《中西美学与文化精神》，北京大学出版社，1994 年，131 页。

❸ 语出《国语·楚语》。

❹ 秦都咸阳考古工作站，《秦都咸阳第一号宫殿建筑遗址简报》，《文物》，1976 年第 11 期。转引自：王毅，《园林与中国文化》，上海人民出版社，1990 年，59 页。

❺ "予至长安，亲见汉宫故址，皆因高为基，突兀峻峙，举покольной山出，如未央、神明。井干之基皆然，望之使人神志不觉森辣，使当时楼观在上，又当如何！"（元·李好问语）转引自：王贵祥，《略论中国古代高层木构建筑的发展（一）》，《古建园林技术》，1985 年第 1 期。

的体现❶。而这也正是此期宫苑建设的一个重要特点。当然这一特点也自有其深远的文化渊源。

《说话解字》曰："高，崇也，象台观高之形"。"高"的古字即与台相关❷。台以其巨大的形体，无比的重量以及简单而强烈的线条，成为远古山岳崇拜的产物。也因之被赋予"能通天地"的神圣功能和神秘色彩，天然地与诸如"高""大""神""灵"和"圣"等字眼分割不开。台在上古因此也成为世间某种不可企及的权势和力量的象征。模山建台只能是当时最高统治者的独有权利。

直到战国时期，台还仍然是诸侯们乐意接受和建设的。所谓"高台榭，美宫室，以鸣得意。"❸（图1-6）体量巨大、孤直高耸的台是远古时期唯一追求高度的构筑物，也是先秦时代最重要、最高大和最具表现力的人工构筑物（其时，陵墓建筑还未开始追求竖向上的高度，基本上还处于"不封不树"的阶段，当然地不能与台争高）。台和因之衍生的高台建筑在春秋战国时代广为流行。

秦代宫苑本身就是沿用着"将各种用途不同的单元紧凑地结合成整体的多层高台宫殿的建筑形式"❹，而使整个宫殿群相似于一座俯临尘世的大台地。直到汉代也仍有流传❺。

这自然也是帝王自标身份的需要。本来中心

图1-6　汉代望楼（明器）

（图片来源：《中国古代建筑史》，74页）

的突显除了需要秩序的层层烘托，自身也需具备相当的分量。作为受命于天、万民之上帝王身份的象征，台与高台建筑提供了一个可与之身份相称的崇高形象，提示着对宫苑乃至国土的不可旁落的拥有。

同时，台也提供了高高在上、君临天下的一个观点，提供一个能够仰观宇宙（之大）、俯察品类（之盛）、眺望四方（之远）的立足点❶。要达成司马相如《上林赋》中所作的"视之无端""察之无涯""究之无穷"的描述，除了需要"品类之盛"的充盈之外，一个可供仰观俯察、四处游目的基点也是必需的。只有这样，才能对天地万物作更多样的观照、更深远的体察和更直接的交流❷（而非后世的那种依靠想象来完成的"合一"）。

随着神性渐损、理性日彰，自汉以后，台和高台建筑日渐式微，而出现了楼、阁、塔等新的建筑样式。不过，它们在提供一高大体形和一居高临下的视点方面又是与台和高台建筑是一致的。对照后世，秦汉宫苑里的视线除了具平面上多向交叉外，更有向上、向下和向外的视线。这种目光既是外求的，又是自得的。空间因视线的延伸而拓展，也因之而充实。

在"体象天地"的要求下，由于对"高大"和"广大"的一并追求，成就了秦汉宫苑的雄浑、充盈之美。这种追求除了依靠人工构筑物（建

❶ 古代往高发展的另一种建筑名称就是"观"，其名更是直接来自于动词中的"观望""观看"。"台""观"经常连用，由此可见。另参：李允鉌，《华夏意匠》，中国建筑工业出版社，69~73页。

❷ 张法，《中西美学与文化精神》，北京大学出版社，1994年，131~133页。

筑、人工山、人工湖等）的尺度的庞大之外，还试图依靠将四周空间尺度极大的自然山体和水体纳入宫苑来实现。"仍营作朝宫渭南上林苑中。先作前殿阿房，东西五百步、南北五十丈，上可坐万人，下可建五丈旗。因驰为阁道自殿下直抵南山，表南山之巅以为阙，为复道，自阿房渡渭，属之咸阳，以象天极阁道绝汉抵宫室也"。这句话集中而具体地表达了前述之种种手法，同时也表明了帝王们的极度的自信和极大的热情。

　　附：阿房已毁，不能复现。不过，最为精到的典范，当属后世唐时乾陵的营造。它以山为中心，周以方城，前接引道。更令人叫绝的是南二峰各作的一个阙门。如此"天衣无缝"，当是合礼化空间营造的极致之作（图1-7）。

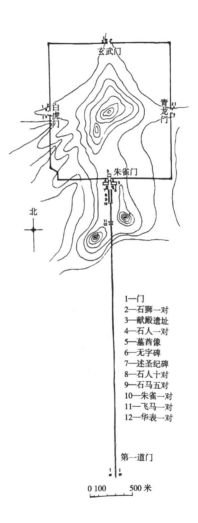

图1-7 唐乾陵平面示意图

（图片来源：《中国古代建筑史》，145页）

第2章

园林作为体道的空间

　　道家基本上对由人组成并生存于其中的社会不感兴趣甚至极力排斥。一方面道家从社会中发现了人的个体价值，一方面又把这一价值投递给了宇宙法则。道家的天人合一观是从宇宙自然的立场出发，以"道"为核心，以"无为"为手段，以"自然"为表征的天人合一观。"道"和"无为"特有的消解功能使得作为"体道"的空间，其中心是空无的，其结构是支离的，其间的个体是独立的。"自然"成为体道空间追求的主题和表现的手法。

上善若水：老子像
　　（吴为山作品，中国国家博物馆展品）

2.1 "道"和"无为"
——道家的天人合一观

2.1.1 "帝力于我何有哉"
——素朴的生活根据

同样有着与天同一的观念和向往，同样有着对完满人生的追求和超越，道家却有着与儒学相当不同的理论体系。❶任继愈先生著文将中国哲学概括为"即是如何协调政治高度集权、经济极端分散这对矛盾的学问"。❷对照儒道两家的实际，可知此说的确实。这句话同时还揭示了儒道两家何以不同的深层的政治-经济原因——各自维护了上述矛盾中的一端。

因此道家的发生实际上自有它的深刻背景和同样久远的历史。"日出而作，日落而息……帝力于我何有哉"，可以说是最早的较为明确的道家思想的表达。《论语》中亦有好些与孔子相对照的此种人物。与宗法之士不一样，"我"游离于社会秩序（帝力）之外，而顺应自然天道作息（日出、日落），不对社会负有何种责任（"滔滔者天下皆是也，而谁以与之？……岂若从避世之人哉"❸）。这里，小农经济的生产方式，自给自足的生活方式正是上述思想的现实基础，个体对社会秩序的先天排拒是其内在依

❶ 儒、道天人观的异同。可参看：陶东风，《从超迈到随俗——庄子与中国美学》，首都师范大学出版社，1995年，57~62页。关于道家同样是追求人生充满的人生哲学，请参：徐复观，《中国人性论·先秦卷》。

❷ 任继愈，《中国哲学的过去和未来》，《新华文摘》，1993年第10期。

❸ 语见《论语·微子》。此篇中较集中地讲述了时为隐者之士的言行，包括讥讽孔子为"四体不勤，五谷不分"的"丈人"，联系隐者的"耕而不辍"而"植其丈而芸"，正说明了儒道两家不同的生存方式和价值取向。

据，重视自身、顺应天道是其基本价值取向。

隐者的感受发展成为道家的思想。在先秦道家的发展史上，有着三位有名姓的人物，对之进行了不同程度的发挥，而分别代表了道家的三个阶段。从重生轻物、全生避害出发，杨朱"拔一毛而利天下，不为也"是对现世生活的逃避；继而"以人合天""与天为德"，老子开始对"道可道，非常道"进行宇宙本体的体认；最后是庄子的"齐物我"和"一生死"，将道家归结和落实为对自由无碍的真生命的追求和守护[1]。三阶段一脉相承，俱是对隐者思想的发展和回应。

着重交代道家思想的起源和基本价值取向的意义，除了在于更好地理解道家的有关思想以外，更在于明白在大一统的中央集权体制和儒家占据官方思想的封建帝国时代，道家何以仍然能够长存而不息，还时有勃兴，成为被文化人物同时所坚持的一种"主流"民间话语[2]。儒道两家的相生、争斗和融合，是中国文士两面性的体现，也构成了中国文化发展的生动图景中的大部分内容。

2.1.2 "道"不可道与道不足"道"

"杨子取为我，拔一毛而利天下，不为也"[3]，孟子对原始道家代表人物杨朱的总结到位，充分表

[1] 冯友兰，《中国哲学简史》，北京大学出版社，1996年，58~59页。按：关于道家的发展脉络，有不同的说法，见：陈鼓应，《老庄新解》，上海古籍出版社，1992年，103页。这里从众。

[2] 陈鼓应，《老庄新解》，上海古籍出版社，1992年，第3、74页。

[3] 《孟子·尽心上》。

明了道家自觉地划分个人与社会之间的界限，并坚守自我本位的基本操守。一方面，道家将个体对社会的认同缩小再缩小，发现了存在于社会之外的个体价值；同时又将个体对社会的排拒扩大再扩大，以为个体价值只外在于社会秩序。如此一再求索，终于豁然开朗，发现了"有物混成，先天地生"❶的"道"，也安顿了抽离于社会之外的人生。在"乌何有之乡"❷成就了一片新的天地。

　　"道"正是道家的核心观念。其思维角度的独特，注定了它不同凡响的亮相。"道可道，非常道"是《老子》第一章的第一分句。这开山之作的开篇六字掷地有声，又似乎不可捉摸。但假如不被认为是游戏之语，这简单的六字起码已经包含了如下三层含义：它指出"道"的变动不居、不可穷尽和不可言说的特性；同时说明了语言的有限性，衬托了"道"的无限性；还一并给予了一种语言的运用方式，以求得言外之意的达成。❸

　　"道"不可道，道不足"道"。但这并未影响老庄的知"道"和论"道"。事实上，《老子》也并不是一字没有的书，《庄子》更有洋洋洒洒十万余言，我们也可以据书察语忘言，得意而体"道"。

　　作为核心概念，老庄的经营赋予了"道"相当丰富的内容❹。简略言之，包括了实存意义上"道"、规律性的"道"和生活准则的"道"等三

❶《老子·二十五章》。

❷《庄子·逍遥游》。

❸ 关于语言的此种运用方式，可参看：陶东风，《从超迈到随俗——庄子与中国美学》，首都师范大学出版社，1995年，143~152页，第六章"庄子与中国美学语言观"，尤其是第二节。

❹ 老子建立了宇宙论和本体论意义上的"道"，庄子进一步将其转化为心灵的境界。参阅：郁建兴，《论中国思想中的自然主义》，《新华文摘》，1992年第3期。

方面的内容。

实存意义上的"道"由老子在《老子》一书中建立。"有物混成，先天地生。寂兮寥兮，独立而不改，周行而不殆，可以为天地母。吾不知其名，强字之曰'道'"(《老子·二十五章》)。"'道'之为物，惟恍惟惚。惚兮恍兮，其中有象；恍兮惚兮，其中有精；其精甚真，其中有信"(《老子·二十一章》)。这里，"道"是一个实有的存在体，它具有形而上的性格。同时，它也获得了本体论和宇宙论上的意义。它是自存的("独立而不改")，具先在性("先天地生")和永存性("周行而不殆")。它是一切存在的根源和始源(可以为天地母)，它产生天地万物，并且参与着万物的流转变化。❶

"道"体本身虽是恍惚不可随的，但它作用于万物时，却表现出某种规律。规律性的"道"便是对此种规律的把握和描述。"反"作为"相反"之"反"和"返回"之"返"，被认为是事物运动和变化的总的规律——"反者道之动"(《老子·四十章》)。它包含了如下两层含义，即事物"相反相成"的转化规律以及"返本复初"的循环运动规律。

当形而上的"道"落实到物界，作用于人生，成为人类的生活方式和处世原则，"道"就成了"德"。当然这里的"德"和儒家所强调的"仁德"是两个概念。它以"道"为始归，与"道"是

❶ 本章对老庄哲学的体认，大多得益于陈鼓应先生的《老庄新解》，上海古籍出版社，1992年，本段文字可参此书4~8页。又，关于道的本体论和宇宙论的意义，庄子《大宗师》一文中更为集中地进行了阐述。

❶ 陈鼓应,《老庄新解》,
上海古籍出版社,1992年,
14 页。

合一的。"自然无为、致虚守静、生而不有、为而
不持、长而不宰、柔弱、不争、居下、取后、慈、
俭、朴等观念都是'道'所表现的基本特性与精
神,也是'德'的依循"。❶其中"自然无为"的
观念又是道家的中心思想,其他的重要观念都是围
绕着它而展开的。

　　如此,应和人的内在生命的呼唤,从自有的
角度出发,道家放眼宇宙,逐步推求,寻找到作
为宇宙根源的处所,建立了以"道"为核心的相当
完整的形而上学体系。庄子更发挥了"道"的完整
性,扣紧"道"和人的关系,将之作为人的依归和
安顿之地,最后完成了道家的天人之学,也另开辟
了一个中国文士的精神家园。两千年来,这个家园
呵护了中国文士,也得到了文士们的呵护。

2.2 中心和空无
——体道的空间

2.2.1 时空一体与空间的时间化

中国人的宇宙观是时空一体的，宇宙的广大无边和其无始无终是联系在一起的（有关时间和空间的诸多描述常常是可以通用的，如长短、远近、前后等等）。但概括而言，传统中国哲学更注重的是时间。[1]道家对此尤为着力，甚至可以说传统的完整而成熟的宇宙论是在时间意义上建立的并且是由道家完成的。[2]

常常说道家的学说是超越的学说。它的超越，除了要超越外物己身，做到"齐万物"；更要超越时间，达成"一生死"。王孝鱼先生总结的学"道"进程中的破"三关"和体"四悟"中，第三关是"外生"，最后一悟是"不死不生"。这充分说明了时间问题对道家的重要性。[3]

这重要性便在于人的存在的基本状态正是由生命的时间性构成的。"只有把时间状态的问题讲清楚，才可能为存在的意义问题提供具体而微的答复"[4]。而所谓超越只能是凭借人的精神活动和思想来获得。精神活动可以在时间中定位，但不能在空间中定位。思想毕竟可以跳出空间之外，但跳出

❶ 吴国盛,《时间的观念》，中国社会科学出版社，1996年，256页。

❷ 陈鼓应,《老庄新解》，上海古籍出版社,1992年，303页。

❸ 陈鼓应,《老庄新解》，上海古籍出版社，1992年，171~173，200页。另见：陶东风，《从超迈到随俗——庄子与中国美学》，首都师范大学出版社，1995年，10页；认为"生死问题"即生命的时间性的有限性是庄子哲学的核心观念。

❹ 海德格尔,《存在与时间》。转引自：陶东风，《从超迈到随俗——庄子与中国美学》，首都师范大学出版社，1995年，14页。

❶ 吴国盛，《时间的观念》，中国社会科学出版社，1996 年，258 页。

时间之外，事实上却是不可能的。❶也因此，道家将它设为最后一"关"，明知其难而勉为其难。道家的智慧也因此被激发和被弘扬。

时间问题有其重要性，时间意识的深化和泛化的一个结果便是空间意识的时间化。当宗白华先生在《中西画法所表现的空间意识》一文中，以"无往不复，天地际也"来概括中国传统的空间意识时，他心中所设想的"流动""贯通"和"循环"等诸多特征正是时间意识的流露❷。这也显现了传统的时空一体的认识。

❷ 宗白华，《美学散步》，上海人民出版社，1997年，136~146 页。

2.2.2 "无"
——对中心和秩序的消解

"道"本身即是充满时间意味的。作为实有的存在体，它"独立而不改"，又"周行而不殆"，自身即在不断地变动着。晚清龚自珍的一句话很明白地表达了这层意思——"天下无八百年不变之天下，而有亿万年不变之'道'——'道'即变"。

在时间的观照下，一切目的都是虚妄，一切坚持都显徒劳，一切现存都归空无。以此，道家以为儒家的义理坚持是那么做作，竟化作了笑料。也因此，"有"失去了意义，"无"却获得了特别的含义。无论是向上追溯，还是向下推演，总是那个

"无"在等待着。上,"天地万物生于'有','有'生于'无'";下,是"'有'归于'无'"。

关于"无",老子和庄子在大同上有着小异。在老子那,"无"因消解了"有",而被赋予了绝对的意义,使之成为终极的始源,创立了在"无"基础上的以"道"为名的本体论。而在庄子那,则由"无"继续上溯——"有始也者,有未始有始也者,有未始有夫未始有始也者。有有也者,有无也者,有未始有无也者,有未始有夫未始有无也者"❶。这里,庄子将"无"也相对化了。自"有"溯于"无",自"无"更上溯于"无无",乃至于"无无无""无无无无……"拉开了一个无穷的时空系统,将"无"的消解性贯彻到了底——"无"将"无"也消解了❷。

总之,"无"因其对"有"甚至对"无"的生成和克服功用,在道家思想体系中占据重要的地位。"无"成为道家的一个基本术语,并由此派生出诸如"无为""无君""无治""无我"等诸多词汇。后人就有以"无为主义""无治主义"等代称道家的。

"道"在道家思想中的地位是明确的,然而,"道"作为最终价值却缺少明确性和具体性❸。"无"也缺少肯定性的价值,其特别具有的消解性的功能,使得在时间化了的空间观中,没有

❶ 《庄子·齐物论》。转引自:陈鼓应,《老庄新解》,上海古籍出版社,1992年,141页。

❷ 本段文字参看:陈鼓应,《老庄新解》,上海古籍出版社,1992年,141页。这里,严肃的思辨已显现出某种趣味,同时,对于"无"的如此看待,使得后期道家可有着更广泛的含义,更强的适应性。因为它使"道"的本体性也消解了。参看:郁建兴,《论中国思想中的自然主义》,《新华文摘》,1992年第3期。

❸ 陶东风,《从超迈到随俗——庄子与中国美学》,首都师范大学出版社,1995年,90页。

❶ "多言数穷，不如守中。"（《老子·五章》）"守中"即"中空""中虚"。参: 陈鼓应,《老庄新解》,上海古籍出版社,1992年,155页。

❷ 徐复观语："庄子之所谓'道'，更深一层去了解，正适应了近代所谓艺术的精神，体道的人生即审美的人生"。转引自: 陶东风,《从超迈到随俗——庄子与中国美学》,首都师范大学出版社,1995年,89页。

其所维护的"中心"❶，也没有所以维护的"秩序"，其间充塞着的只是依自然而生、任自然而行的"通于一"而又"独化"的自在个体（图2-1）。与上章强调中心和秩序的儒家合礼的空间存在对比，成其鲜明的特色。道家的空间观对于后世空间艺术的发展起了相当大的作用，而特别反映在魏晋以后的园林营造中❷。

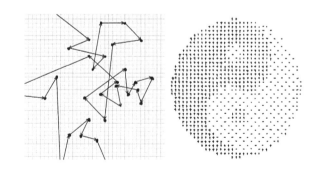

（a）独立化的个体　　（b）时间化的空间（变化与转化）

图2-1　体道的空间——中心的空无、秩序的缺失

2.3 自然
——作为主题和表现手法

2.3.1 "自然"论

　　在"究天人之际"的经典著作中，中国古代有较为著名的"三玄"，其中就有两部即是道家著作——《老子》和《庄子》（另一部是《易经》）。道家由全生避害的现实要求出发，步步推求，待到论"道"谈"天"的时候，也确实玄妙起来了。老子就很强调这点，说："玄之又玄，众妙之门"（《老子·一章》）。道家对中国古代哲学的贡献不言而喻，它对抽象的哲学思维以更多地关注和运用（所以庄子才会和名家的惠子成为朋友），创立和发展了中国古代哲学的大部主要观念和范畴，诸如"道""器""有""无""无极""太极""自然""无为"等等。而较之其他"玄之又玄"的术语相比，"自然"成为其中更为世人接受，并在日常生活中大量使用的通常词汇。当然，一个原因也许是当初老子选字造词时就有意无意地附和了时已流行的用语。《老子·十七章》中说："悠兮其贵言。功成事遂，百姓皆谓：'我自然'"❶。

　　事实上，"自然"在道家中更占据重要地位。因为"自然"就是"道"，"道"本"自然"。"人

❶ 如果这个"百姓皆谓"事实上只是老子自谓的自豪感，"自然"的流行就是一个值得思索的问题。

法地、地法天、天法'道','道'法自然"(《老子·二十五章》)。这句话不是说在"道"之上还有一个实体的"自然",成为"道"所效法的对象;而是说"道"以它自己的状况为依据,以它内在原因决定本身的存在和运动,而不存在自身以外的"法"。这里,"自然"不是名词,不是指客观存在的自然界;而是状词,指的是一种不加强制力量而顺任自然的状态❶。前引之"百姓皆谓:'我自然'",也是如此。

　　当"道"和人生紧密相连时,"自然"就表示着不计外道、化性自为的意义,代表着一种价值判断,一种对真生命的守护。"自然"也就自然地成为中国历代文人、哲人所追求的一种人生境界,成为历代多数艺术家的艺术主张,也自然地决定他们的艺术表现手法。

　　在艺术表现手法层面上,"自然"提倡"自然而然""无故而然"。而所有"有为"和"人为"都是"以故自持"的产物。因而,守"自然"就要反"人为"。于是,为了以"自然"为美,一切事实上是出自人工的艺术,都要灭尽人工的痕迹,使之如天之所生、地之所长。"虽由人作,宛自天开"❷就是在这种意义上讲述的。"自然"不但用来表达一种境界,也用来评价达成此境界的手段。

❶ 陈鼓应,《老庄新解》,上海古籍出版社,1992年,25页。另参看:郁建兴,《论中国思想中的自然主义》,《新华文摘》,1992年第3期。

❷ 《园冶注释·园说》,计成著,陈植释,陈从周校,中国建筑工业出版社,1988年,51页。

2.3.2 "自然"的难题

前文已经讲述，在老子的"道"中，他以"无"消解了世间一切诸"有"，同时树立了"无"的本体地位。庄子看出了这个尴尬，于是进一步地消解"无"，提出"无无""无无无""无无无无"……这事实上并没有真正地解决问题，而只是将之转化成了另一个问题。庄子将自己也带入了这个怪圈。可以设想一下，如果真的是"无无无无……"的话，庄子该如何谈起呢？❶

"自然"也存在着同样的难题。当上一节在强调"自然"是相对于"人为"并且是极力反对"人为"而言时，它就开始滋生了。"自然"该如何反对"人为"呢？"自我异化的扬弃同自我异化走的是同一条道路。"❷当我们以人为来反对人为时，"自然"也就包含了"不自然"。"自然"又该从何谈起呢？

更大的难题在于，当我们说"自然"是对真生命的守护时，依照道家的思辨，我们又如何断定所守护的就是"真生命"，而反对的又正是该弃绝的呢？后期庄子由超迈滑向随俗，道家在整体上表现出的由张扬人的自然到以自然压人的转变以及儒道的合流，也就是可以理解的了。

"自然"在理论上无法圆满，在现实中无法检

❶ "无"是无从谈起的。这一点在魏晋时期被一些名士所认识，开始转而夸赞孔子"圣人体'无'，'无'又不可以训，故言必及有。老庄未免于'有'，恒训其所不足"（《世说新语·文学》）。参：冯友兰，《中国哲学简史》，北京大学出版社，1996年，187~188页。

❷ 《1844年经济哲学手稿》，《马克思恩格斯全集·42卷》，117页。转引自：成复旺，《中国古代的人学和美学》，中国人民大学出版社，1992年，212页。

验。那种"宛自天开"为什么不能被认为是"故作自然"？在它之中又含有多少自然？所以窦武先生在《北窗杂记·二十八》中慨叹计成的矛盾和辛酸，同时发问："充塞着建筑，充塞着叠石，只有少量的树木花草，这样的园林，何'自然'之有？"❶（图2-2）

❶《建筑师》，57期，91页。

别有意味的是，"自然"的困境并未构成"自然"的绝境。后世士人或者如后期庄子那般将之视为语言问题而"悬置"，或者更激发了讨论的兴趣而更有主张。"自然"的难题在于其内在的矛盾性。"自然"的矛盾性决定了他的多义性。后期道家的发展包括深受道家"自然"思想影响的园林艺术风格的变化都可在这多义性中找到根据。

图2-2 狮子林指北轩南望

第3章

园林作为审美的空间

个体是从群体中独立出来的。孔孟的"乐群"和"慎独"都是以社会群体为本位的。较早的反思来自老庄，不过，如前所述，他们将个体从社会群体中抽离出来以后，又放逐到宇宙自然中去。魏晋士人则根据自己所处时代的境况开始对老庄重新体认。这是个哲学上崇无轻有、社会思想上重个体轻社会、政治思想上重道统轻势统的时代，因而人生态度上也是重审美轻实用——开启了后世中国人的审美人生之道——生活艺术化了 ❶。园林也挣脱了政治伦理的束缚，独立于世俗生活之外，"梅妻鹤子"去了。此期的空间结构即是上一章的空间意识的实现，而增添了审美情节。仍然表现出空无的中心、支离的群体和独立的个体。风格上摆脱了前期对高大的恣意追求，而代之以一种自然、空灵的风格。

❶ 宁稼雨，《魏晋风度——中古文人生活行为的文化底蕴》，东方出版社，1992年，243~244页。

（明）周文靖《雪夜访戴图》
（绢本，淡设色，161.5厘米×93.9厘米，中国台北故宫博物院藏）

3.1　个体意识的觉醒和生活的艺术化

3.1.1　魏晋风度与个体意识的觉醒

魏晋南北朝是中国历史上一个沉重黑暗的时代，"人生到此，天道宁论!"如磐的重压，动荡的人生，造成思辨哲学和审美活动的空前发达。它是中国周秦诸子之后的第二度的哲学时代。这个"中国政治上最混乱，社会上最苦痛的时代，然而却是精神史上极自由、极解放，最富于智慧、最浓于激情的一个时代"[1]。这是一个"文"的自觉的时代[2]，因为这是一个人的自觉的时代。

宗先生自己以极富热情的笔调赋予此期文化以两"极"、两"最"，当时出于如下考虑：

首先，经历了第二次封建大一统帝国的瓦解，真切感受了纲常名教对人的异化力量和虚幻价值。魏晋时，人开始了对老庄哲学的重新体认和对生活的全面思考。作为时代哲学，玄学因之具有深刻的哲学义理和较强的思辨色彩，在哲学史上具有划时代的意义[3]。而其所突出的名教与自然的命题，尤其是嵇康、阮籍彰显了二者之间的对立，又是思想史上思想解放的先声，对于后世中国文化包括文人文化有着不可低估的影响。

其次，这是个整体上张扬自我的时代。"人以

[1] 宗白华，《美学散步》，上海人民出版社，1997年，208页。

[2] 鲁迅，《而已集》，《鲁迅全集》，人民出版社，1981年，80页。

[3] 《全国魏晋玄学学术讨论会摘要》，《新华文摘》，1985年第3期。

❶《晋书·王坦之》。转引自：宁稼雨，《魏晋风度——中古文人生活行为的文化底蕴》，东方出版社，1992年，193页。

❷ 宁稼雨，《魏晋风度——中古文人生活行为的文化底蕴》，东方出版社，1992年，243~244页。

❸ 余英时，《士与中国文化》，上海人民出版社，1987年，438页。

克己为耻，士以无措为通，时无履德之誉，俗有蹈毅之衍"❶，有别于其前其后的文人的自我意识，只表现在个别人的某个生活阶段。并且历代个别文人的自我意识往往只停留在意识及文字表达状态，很少付诸社会行动，而魏晋文人的自我意识，则与个性活动密不可分，更明白地表现在自己的特立独行处❷。

也正因此种思想和行为的首举和独创，以及对后世的极大影响，余英时先生指出"名教危机下的魏晋士风是最接近于个人主义的一种类型。这在中国社会史上是仅见的例外，其中所表现的'称情而往'以亲密来突破传统伦理形式的精神，自有深刻的心理根源，即士的自觉"❸。

"称情而往"，因而"任意而行"。此种自觉落实在生活中，便是对自我生活的追求甚至是刻意追求，即后来所说的"魏晋风度"。《世说新语》，尤其是其中的《言语》《品藻》《容止》以及《任诞》和《简傲》诸文，记录了大量率真、痛快、狂放的言行举止，刻现了一个个鲜活饱满的、特立独行的形象，反映了时人对个人所拥有的一切（生命、方法、仪止、爱好甚至癖好等）的空前重视。

《世说新语》的《品藻》篇中正好有一段文字可作为此期士人个体自觉意识的总结和表达："桓公少与殷侯齐名，常有竞心。桓问殷：'卿何如我？'殷云：'我与我周旋久，宁做我。'"

这种对自我的自觉，因为士人特别的社会地位和较高的文化素养而更具文化学的意义和久远的影响。魏晋玄学又被称为新道家，但它对老庄的重新体认绝不是简单的旧话重提。除了继续讨论"有无""本末""一多"等深层的本体论问题外，更提出并围绕"自然和名教"这一现实的命题。它试图对生存全面事实的关注是老学不曾想到的，它更强烈的现实针对性是庄学不能完成的。[1]中期以嵇、阮为代表，站在自然的立场上，强调二者的对立，使之有着深刻的批判和启示价值，对于加深时人的个体自觉和魏晋风度的形成起着推波助澜的作用。而后期向着力于二者间的汇通的转变，则开启了打通儒道自然主义到佛学禅宗、宋明理学的道路，具有更久远的文化意义。[2]它所提倡的"齐一仕隐、归同出处"，成为后世文人由"左右为难"而"进退自如"的理论依靠，同时因有着最大的现实可能性，从而具备普遍的社会意义和实践价值。

魏晋以降，产生魏晋风度的名教危机在上文所言的，由自然和名教的相互汇通所体现的，文人阶层与集权制度互以对方为目的的双向自我调整中逐渐被"成功"地消解了。"风流总被雨打风吹去"。作为整体的运动，这个空前张扬自我的时代一去不复返了，但它对后世文化的影

[1] 参看：袁济喜，《人海孤舟——汉魏六朝士的孤独意识》，河南出版社，1995年，86页。

[2] 郁建兴，《论中国思想中的自然主义》，《新华文献》，1992年第3期。

响，文人心态的铸就包括对园林生活的安适，其意义是深刻而久远的。"今古风流，惟有晋代"❶。魏晋风度成为后世文人心里的一个传说，一个神话。其中的代表人物，如竹林七贤等，也成为后期文人画中高士图的经典题材和文人园直接追慕的对象（图3-1）。

❶ 明·王重任语。转引自：王毅，《园林与中国文化》，上海人民出版社，1990年，554页。

图3-1 汉画像石竹林七贤和荣子期
　　　（南京博物馆藏）

3.1.2　审美的自觉和生活的艺术化

人的自觉带来了审美的自觉。在中国美学史上，魏晋时，人首次使"美"摆脱了"善"的纠缠，而与业已觉醒的个体的精神生活取得直接的联系，从而获得了相对独立的地位❶。

美的观念的转变，反映在审美方式上，则是由直接的道德比附，转向深层的心灵体悟；由单一的"物来应我"，而更添"以我应物"，终于"心""物"化成一片。

"悦山乐水"由"不得已之慰藉"进而转成自觉的审美行为，自然山水也因此终于成为自觉的审美对象。甚至能否以山水为题材，也成为对某种文学样式评价的标准。《世说新语·赏誉》："孙兴公为瘐公参军，共游白石山，卫长君在座。孙曰：'此子神情都不关乎山水，而能作文？'"。自然山水成为以后人们审美意识的重要组成部分，而直接刺激了自然山水园、山水诗和山水画的发展。

审美的自觉更表现在对人物的审美鉴赏上。"完整意义上的美学，应该说是在六朝时代开始的"❷，说的是魏晋时期对于中国美学史的意义。而"中国美学竟是出发于'人物品藻'之美学"❸，则明白道出了"人物品藻"对中国美学的意义。

品藻人物的空气，渊源于汉末。但在魏晋时

❶ 应该指出，这种对"善"的背离，又是与"真"的统一分不开的。以情反礼，以自然改造名教，从而使"真"在时人的美学观念中占据重要地位。后人有以"真美"作为魏晋时期美学思想的概括而与先秦两汉的"善美"相对照，又与后世"真者不美，美者不真"相区别。

❷ 袁济喜，《六朝美学》，北京大学出版社，1987年，1页。

❸ 宗白华，《美学散步》，上海人民出版社，1997年，210页。

期盛行时，却已远远地超出初始时的政治实用目
的，而直接地成为对人物的审美鉴赏。《世说新
语》中就单辟了一章《品藻》，而其他诸篇也有
着大量的对人物的神情风貌等感性整体的形象描
述。时人品评人物时所使用的诸多词汇，诸如"神
韵""风韵""风骨""清远""神怡"等都成为日后
美学的基本概念，成为统一自然美、人物美和艺术
美的共通用语。

　　审美意识的自觉的序幕，是由人物品藻拉开
的。魏晋人借此"向外发现了自然，向内发现了自
己的深情"❶。魏晋美学，以其高迈超逸的风神卓
然标峙于中国美学史。而其最大的特点以及对中国
文化更大的意义还在于它所着力的"人生与审美的
贯通"❷。这种将审美和艺术创作与人的生命意识
和个性追求融为一体，而使"美"流布于人生的各
个层面的努力，开启了后世中国人的审美人生之
道——生活艺术化了。

　　对人生的审美把握，一方面由于美的原则的彻
底贯彻，而自然获得了一种表里澄澈、空明一片的
超然的人生体验；另一方面又由于其自有的与现实
的距离，而能在一定程度上避开和消解现实的人生
苦难，同时还能有效地使之转化为"美"的养料，
而格外地获得一份人生的苦甜。从而成为历代文人
生活相当重要的一个方面，成为文人自有文化圈围

❶ 宗白华，《美学散步》，
上海人民出版社，1997年，
215页。

❷ 袁济喜，《六朝美学》，
北京大学出版社，1987年，
301页。

❶ "走向艺术的生活，与神秘的宗教相比，虽不能使个体的精神超度到永恒的天国，至少也是精神的一种寄托场所，并与个体情绪间建立了最密切的关联"。见：孟岩，《文人园林：观念、风格、形式法则的演变》，清华大学建筑学院1991届硕士论文，导师：周维权。

的一个主要内容。❶

有关魏晋时人的艺术化的生活，《世说新语》中有着大量的记述。《任诞》篇云："王子猷居山阴，夜大雪，眠觉开室，命酌酒，四望皎然，因起彷徨，咏左思《招隐诗》，忽忆戴安道。时戴在剡，即便夜乘小船就之。经宿方至，造门不前而返。人问其故，王曰：'吾本乘兴而行，兴尽而返，何必见戴？'"这种不依某特定外在目的，而将美直接寄于行为过程本身，即行为的艺术化，正是生活艺术化的一个方面。

环境的艺术是生活艺术化的另一方面。"王子猷暂寄人空宅住，便令种竹。或问：'暂住何烦尔？'王啸咏良久，直指竹曰：'何可一日无此君！'"（《世说新语·任诞》）。由此可见王对环境的重视。而这种重视又与"孟母择邻"以及"风水相地"有着相当的不同。这里，"何可一日无此君"不能带来儒家的功德，也不能带来阴阳家的吉凶，而只是心灵上的满足和愉悦。这种纯粹的审美要求甚至都成为一种习惯。

魏晋时期，因着个体意识的觉醒而有审美的自觉，因有贯通人生与审美的要求，而有生活的艺术化。所有这些尤其是其中环境艺术化的要求，直接导致了魏晋园林的发生，并使之有着不同于秦汉宫苑的新质。

3.2 围墙之内
——独立的园林艺术形态

3.2.1 "围墙"
——文士"雅"文化圈的形成

文士特指有一定知识和思想的人。在古代中国，这使得他们有着较其他阶层更为自觉的意识和更为敏感的心灵。"士作为一个承担文化使命的特殊阶层，自始便在中国史上发挥着'知识分子'的功用"❶。这种自觉，投射于社会，就有"兼济天下"的社会抱负；返照于自身，就有"独善其身"的自我完善。这几乎从开始就决定了士人及士人阶层必须面对的两难境地。两者之间的关系成为"士"们所必须思考的问题，自我与社会成了一永恒的矛盾。❷

而汉魏以来，现实社会的种种苦难，促使了士人的进一步自觉，也更加深了二者之间的断裂，甚至成为悖反。以前的种种思考都告无效，因为他们未给"自我"留下足够周旋的余地，从而无法安顿那鲜活而疲惫的心灵。这一次，士们必须扪心自问，再作回答。

居然又有了答案。这就是嵇康的《与山巨源绝交书》，坚决地表明了与社会不合作的立场；是

❶ 余英时，《士与中国文化·自序》，上海人民出版社，1987年，3页。所谓知识分子的功能即是指"士"凭借其知识和思想而成为人类基本价值的维护者和体现者。

❷ "格物、致知……平天下"，《礼记·大学》说的是理想的状态："天下有道则见，无道则隐"（《论语·泰伯》）。孔子是从社会治乱角度给自我留了一些活动的余地；"穷则独善其身，达则兼济天下"（《孟子》）是从个人机遇出发的。庄子居然也参加了讨论，提出了"内圣外王"的主张。

阮籍的《大人先生传》，再次树立了一个独来独往的精神榜样。时人也正是在这种精神的烛照下，"潇洒"而行。然而，这同样不是最后的答案。因为这次，它未给社会留下足够生发的空间，却留下了"多故"的借口。果然，"魏晋之际，天下多故，名士少有全者"❶。而随着嵇康的被杀，也宣告了彻底的个体生活是不可能的，因而也是无效的。于是，新的答案在生命的凋谢的刺激下诞生了。作为妥协的结果，"齐一仕隐，归同出处"的理论就出现并弥漫开去，成为后世所奉行的一种标准答案。

共同的命运担当，使士们开始自觉地寻找自己的"同志"❷，以求得道义上的支援和情感上的慰藉❸。同声相和，同气相求，终于，伴随着士阶层群体和个体意识的自觉和深化，在社会现实力量的高压下，在个体精神自由的感召下，在上述理论的催发下，士们凭借着自己特有的思想和文化素养，营造了为本阶层所独有的文化领地——文人的文化圈围——并以"雅"自号，而自觉地与一切俗世文化产生对照❹。

"雅"流布于文人文化的各个领域，成为文人文化最中心的话语。在度身定做的雅文化中，文人把握着其中的意义解释系统，并由此衍生出一套完整的语言系统和行为方式，以期最大限度地克服外在文化对自身的异化，而实现新文化与自我最深的

❶《晋书·阮籍传》。转引自：《魏晋南北朝文学史参考资料》，174页。

❷ "同志"一词即流行于东汉末年，见：余英时，《士与中国文化》，上海人民出版社，1987年，296页。

❸ "阮步兵丧母，裴令公往吊之。阮方醉散发坐床，箕踞不哭。裴至，下席于地，哭吊唁毕，便去。或问裴'凡吊，主人哭，客乃为礼，阮既不哭，君何为哭？'裴曰：'阮方外人，我辈俗中人，故以仪轨自居。'时人叹为两得。"（《世说新语·任诞》）这是道义上的支援。至于"竹林七贤"的交游则更有友情上的慰藉。

❹ 在文人文化圈中，文人的言语成为"雅言"而不同于"俗话"；文人的举止称为"雅行"而有别于"俗事"；文人的爱好是"雅好"而不同于"俗乐"；文人自己更是"雅士"而不是"俗人"。

亲密，并借此保证个体的相对完整和独立。

文化的这种自觉的反动和建设行为，事实上仍是在文化中进行的。生活也仍然发生，只不过是以另外的面貌和含义出场。从根本上而言，生活对应着文化，雅文化就是艺术化，文人文化的雅化也就是文人生活的艺术化。生活的艺术化的进程同时也是文人雅文化圈建立和完善的过程。王毅在《园林与中国文化》一书中，以"完整的士大夫文化艺术体系"来概括文人文化圈围，突出它的艺术化倾向的道理也正在于此❶。

❶ 王毅，《园林与中国文化》，上海人民出版社，1990 年，547~611 页，特别是547~594 页。

在外在社会和内在心灵的双重挤压下，作为士阶层群体和个体自觉的产物，文人自觉地形成了自己的文化领地。这个"私用"文化领域对于社会是必要和容许的。因为它没有彻底拒绝甚至允许积极响应社会的召唤，并且可以使个体对社会的背离得到及时有效的消解，从而保证了社会在总体上得到持续存在。而它对于文人个体而言则更显重要：作为生存的底线，它保全了此身；而作为精神的追求，它更支持了此心。由此，后世文人对园林营造和园居生活的倾心也就是可以理解的了。因为作为文人文化中的一个最基本也最集中的现实载体，在它之中，存放和释放了最大量的个体因素——那儿被认为是文人自我的领地和精神的家园。

和自觉的文人文化圈围中"圈围"的意义一

样，后世文人园林的围墙因此就不再只是产权红线的标志，它同时还代表着一种守护此心灵故地的姿态。一墙之隔，内外即分。它保证了个人空间在社会中的实现。对照着后世文人园林的诸多言表心志的园名，联系着前述之种种因缘，我们可以在这里发现文人们借孤独来表示骄傲，以刚强来掩护柔弱，用弃绝来培植进入的种种深层心态。"墙"的文化意义也正在于此。

所以，当我们说在魏晋时期，园林开始作为审美的空间而具备独立的艺术形态时，绝不只是简单地意味着它有着不同于秦汉宫苑的形式语言，更在于说明它自有的文化理想基础和审美意识形态。后者才是前者的根本，具有绝对的意义。

3.2.2　以"偶然"确保"自然"
——自然的景观单元构成

魏晋以后，园林不再只是权势和财富的象征。尤其是对于有着独立人格追求的士人而言，园林成为个体精神的物质载体，成为士人自我独立人格的曲折反映。不同的追求，在根本上决定了此期的园林营造将大不同于以往的面貌。

文人园林独特的形式语言当然地离不开文人文化自始至终的全面介入和支持。作为文人自标身份的产物，在"自然"的旗帜下，发展的这套样式语言，形象地标明了这里确实是一不同于尘世的别样的天地。只要我们将后世宅园并置，这一点就能鲜明地得到反映——其中住宅部分显示对社会秩序的认同，而园林部分则明确表达了文人对社会"樊篱"的背离，从而使园林成为"复得返自然"的归所（图3-2）。

　　这里，皇家气派是不需要的。一般意义上以代表社会规范面貌出现的儒家道理也被有意忽视，而与园林营造有着直接关联的儒家合礼的空间观更是被坚决地颠覆。道家思想的介入，文人文化的成熟，使得强调中心和秩序的空间意识既缺少理论上的支持（这源于道家理论的建构），更缺少情感上的对应（这来自于文人的现实感受）。破即立，前文所述之"体道的空间观"在文人园林营造中得到确立，而有意地构成对前期园林空间营造的反动。以别具一格，自标了文人与众不同的身份。

　　眼见的实例多为明清之后的遗存，虽然也承泽了魏晋之世的余惠，但由于还有更新内容的摄入，从而有着相当不同的空间格局，也就不再能贴切地表达此期文人园林的特征。严格意义上的实证是找不着的了，因为它们早已纵入时间大化而真正地归于空无而流于自然了。不过，从当时存留下的有关园记中，如司马光的《独乐园记》，还可略见一斑（图3-3、图3-4）。

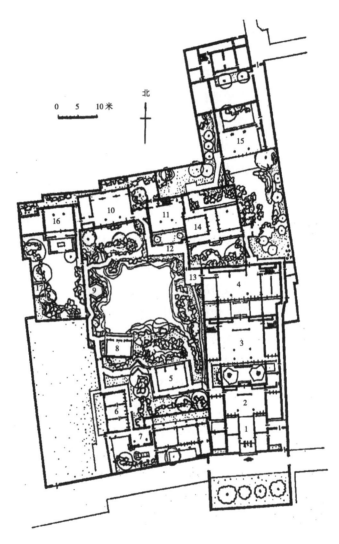

1—宅门；2—轿厅；3—大厅；4—撷秀楼；5—小山丛桂轩；
6—蹈和馆；7—琴室；8—濯缨水阁；9—月到风来亭；10—看松读画轩；
11—集虚斋；12—竹外一枝轩；13—射鸭廊；14—五峰书屋；
15—梯云室；16—殿春簃；17—冷泉亭

图3-2　网师园平面

（图片来源：《苏州古典园林》，401页）

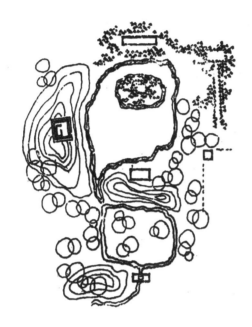

图3-3 独乐园平面示意
（图片来源：刘托，《两宋私家园林的景物特征》，《建筑史论文集·第十编辑》）

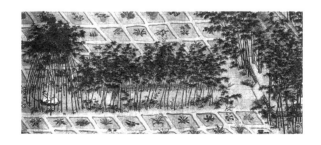

图3-4 （明）仇英，《独乐园图》采药圃局部
（绢本设色，纵28厘米，横519.8厘米，现藏于美国克利夫兰艺术博物馆）

对"自然"的追求，导致了中心的失落和秩序的剥离。而失去了中心的制约和秩序的牵扯，构成此期园林的各景观单元之间的关联也就缺少了某种必然，从而表现出一种自在独化的姿态。白居易《池上篇·序》就很能说明这种以"偶然"求得"自然"的做派。

据说这篇诗文本身就是"睡起偶咏"❶之作。虽然"非诗非赋"，但也就这样了。仍命"阿龟握笔，因提石间"。足见白公对偶然因素的看重和欣赏。履道里白园的营造也说明了此点。地方不大，十七亩（唐制约合今9180平方米）。可经营的年头却断断续续地持续了五年有余，尚不计此文成文之后的扩建和改造时间。这并不是说当初有着怎样的一个完整的计划，需要以这样的方式执行这样长的时间。根据白文中颇为自得的交代，事情是正好相反。原因不在于先在的计划，而只在于五年之间，主人屡有所获，而每有所获，都要携物以归，一并"率为池中物矣"。从而造成一种随时都可以开工，随时也可以完工的计划——如果这也可称作"计划"的话。宗白华先生在《论世说新语和晋人的美》一文中，称之为"把玩'现在'的'唯美人生态度'"。认为这是"在刹那的现量的生活里求极量的丰富和充实，不为着将来或过去而放弃现在价值的体味和创造"❷。这里，正是对偶然因素的重视，造成时间关

❶ 下文相关所引均见之于《池上篇·序》，引自：《中国历代名园记选注》，陈植、张公弛选注，陈从周校，安徽科学技术出版社，1983年。

❷ 宗白华，《美学散步》，上海人民出版社，1997年，221页。

联的断裂，从而使现在的价值得以突现。

先是"罢杭州刺史时（公元824年），得天竺石一，华亭鹤一，以归；始作西平桥，开环池路"。继而"罢苏州刺史时（公元826年），得太湖石，白莲，折腰菱，青板舫，以归；又作中高桥，通三岛径"。最后时"罢刑部侍郎时（公元829年），有粟千斛，书一车，洎臧获之习管磬弦歌者指百，以归"，另有某人之佳酿酒、某人之清韵琴，某人之淡声曲以及某人之方长平滑青石，终于在太和三年（公元829年）夏"凡三任所得，四人所与，洎吾不才之身，今率为池中物矣。"原来，偶然凑洎就可成就"天然图画"（图3-5）。

"偶然"与"自然"的接近，在于它是不能为人力所掌握，为人心所思虑的，因而更多地被认为是"自然"地流露。文人文化也因其对"自然"的追求而有对"偶然"的重视。文人艺术甚至专门出现了"偶然"这一准则，并有着很高的地位，所谓去尽机心而一派天真也。❶

围墙造成此地与彼地的割离，偶然造成此时与彼时的断裂。文人园林中各景观单元因此自在生成，相对独立，而不重视彼此之间的联系。从而也因之在总体上表现出中心的失落、秩序的剥离和个体的独立。

❶ 伍蠡甫，《中国画论研究文人画艺术风格初探》，北京大学出版社，1983年，141~145页。

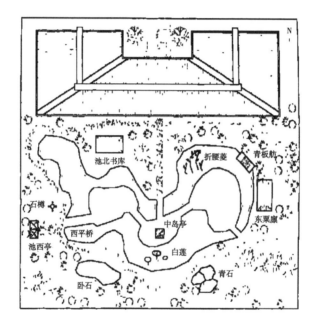

图3-5　履道里白园平面复原想象

[图片来源：刘庭风. 池上篇与履道里园林. 古建园林技术，2001（04）：51]

3.3 自然、空灵
——魏晋直到明清之际的园林

3.3.1 心物同构
——对自然美的发现

"心物同构"或称"心物同型",是现代格式塔心理学的一个重要理论。理论对心物何以能够相互交感给出了独特的解释——不是移情,不是比德,而是在根本上由于对象(人或物)即带有情绪的表现性。这种表现性存在于对象自身的结构特征,而这种结构特征又与人的生理、心理结构具有异质同构的性质。"知觉的特征可以与相似的物理状态相对应"[1],从而对于自然的表现性感知就是一个十分自然的过程。

这个理论似乎神秘,却也浅显。回头看看我们的日常语言,除了抽象的语词为人所独有以外,许多描述人的心理状态的词是从对物的认识开始的:心情有温度(热烈、冷淡),心理有明暗(光明、黑暗),心思有味道(酸溜溜的、苦叽叽的)。此外,厚脸皮、黑心肠、心太软等不一而足。语言学家称此为"隐喻",格式塔心理学家则进而指出"隐喻"正是来源于对物理和心理中相同的"力"的功能的认识。[2]

[1] 阿恩海姆,《走向艺术心理学·格式塔的表现理论》,加州大学出版社,1972年。转引自:陶东风,《从超迈到随俗——庄子与中国美学》,首都师范大学出版社,1995年,115页。

[2] 参阅:金克木,《谈格式塔心理学》,《读书》,1986年第1期。又,同样的情况还可在语言中的"通感"现象中发现,参:钱钟书,《七缀集·通感》,上海古籍出版社,1994年,63~78页。

如果有兴趣追问"心物何以同构",还可带出格式塔心理学的基本理论——"完形"。原来,正是心物的彼此对待(不同),造成了心物的相互统一。心物共处于一个更高一级的完整的"场"中,彼此也结成一个统一的"场"。在此,我们可以看出完形理论与古老的"天人合一"思想某些方面的相通。当然,前者是更深切的理论总结,而后者属于直接的身心体会。

"心物同构"为感知自然美提供了可能,也可说明人格美与自然美是相互发生、彼此催化的。所以宗白华先生才有"晋人向外发现了自然,向内发现了自己的深情"的概括。中国美学出发于"人物品藻"之美,而晋人对自然美的发现似乎也可说是触发于对人格美的欣赏,以自然界的美形容人物品格的美的例子,在《世说新语》中不胜枚举:"嵇康身长七尺八寸,风姿特秀。见者叹曰:'萧萧肃肃,爽朗清举。'或云:'肃肃如松下风,高而徐引。'山公曰:'嵇叔夜之为人也,岩岩若孤松之独立;其醉也,傀俄如玉山之将崩'"(《容止》)。又,"裴令公目王安丰:'眼烂烂如岩下电'"(《容止》)。再,"有人叹王恭形茂者,云:'濯濯如春月柳'"(《容止》)。如此不一而足。

至于"王子敬云:'从山阴道上行,山川自相映发,使人应接不暇。若秋冬之际,尤难为怀'"

（《言语》）。又，"顾长康从会稽还，人问山川之美，顾云：'千岩竞秀，万壑争流，草木蒙笼其上，若云兴霞蔚'"（《言语》）。这儿已经是纯粹的对自然美的表达了。而"简文帝入华林园，顾谓左右曰：'会心处不必在远，翳然林水，便自有濠濮间想，不觉鸟兽禽鱼自来亲人'"（《言语》）。这里，对自然美的欣赏，已经是相当从容了。而这种从容，显然只能是对自然美的发现和欣赏积累到相当阶段才会出现的。

当然，"心物同构"为感知自然美提供了可能，但也只是提供了可能。对自然美的发现毕竟还是需要后天的着力开发。而此种认知也只有融入文化，才会对现实人生产生广泛的影响。所以，同是天人合一的思路，儒家发现的是人间的正道，道家发现的是宇宙的真理，只是到了魏晋，时人才得益于时代文化的影响，进而发现了自然的美丽。

这样，对"自然"的观照就既有了哲学的意义，又具备了美学的价值。"自然"是"道"，因而它是深刻而真实的；"自然"还美，它就又是令人愉悦的。既"真"且"美"，自然也就具备了久远的魅力；（情）"忘"了还"寄"❶，山水也就有着多重的功能。"悦山乐水""雅尚自然"成为当然就是可以理解的了，而当所有这些都被文人文化所自觉地发现和摄取时，它对后世文人包括总体文化所能具备的影响也是可以想见的了。

❶ 此处指"'寄'情于山水"和"'忘'情于山水"。

3.3.2　本样呈现
　　　　　——对自然美的表达

　　由忠于自我而忠于自然，进而因为自然而不再计较自我。文人艺术以自然为美的最高形态，强调主体消解、自我融入自然，而不是高扬自我或以自我的情感移入自然，正是前述一来一回两条思路顺理成章的结合。这一点，从前引白居易的《池上篇·序》所言之"凡三任所得，四人所与，洎吾不才之身，今率为池中物矣"，以及后世欧阳修的"以吾一翁老于此五物之中，是岂不为'六一'乎！"❶中可明确得知。同样可以看出的是，"自然"作为终极目标，对于文人艺术的决定意义。事实上，文人艺术有关"雅、简、淡、拙"以及上文提及的"偶然"无不是由"自然"发挥而就的❷。

　　文人园林也不例外。创造与自然山水尽可能协调的生活环境，以抒发和消解自我是它的目的。那么，自然、空灵也就必然是它所追求的风格。而以艺术的手段在园林中再现山水等自然形态也就必然地是它基本的创作方法——即所谓"以自然自身构作的方式构作自然，以自身呈现的方式呈现自然"❸，也即题头所言之"本样呈现"。

　　自然与自我的矛盾已经因为自我的主动放弃而消解，这是"本样呈现"的创作方法得以实现的最重要也最难克服的一关。剩下的问题也就集中在

❶ 前文为"藏书一万卷，三代以来金石遗文一千卷，琴一张，棋一局，常置酒一壶。"语出《欧阳修全集·居士集·六一居士传》。转引自：王毅，《园林与中国文化》，上海人民出版社，1990年，610页。

❷ 伍蠡甫，《中国画论研究·文人画艺术风格初探》，北京大学出版社，1983年，109~148页。

❸ 叶维廉，《寻求跨中西文化的共同文学规律》，102，103页。转引自：陶东风，《从超迈到随俗——庄子与中国美学》首都师范大学出版社，1995年，109页。

自然与人工的争斗中。显然，这也是要以后者的让步而告解决的。

首先一点，即是对大范围地貌条件的选择。后世造园家计成在其专著《园冶》一书中，开篇即是"相地"，并总结为"园地惟山林最胜"，因为它"自成天然之趣，不烦人事之功"❶。这也是自魏晋以降众文人的一致态度。"仲长子云：欲使居有良田广宅，在高山流水之畔。沟池自环、竹林周布"❷。十分在意园林外环境的自然氛围。此外还有"康僧渊在豫章，去郭十里立精舍。傍连林，带长川，芳林列于轩庭，清流激于堂宇"❸。

依上述所引，足见文人对园林周围山水的重视。而所引"康僧渊"条之后一句则关联着即将讨论的另一问题，即自然物对园林有效空间的实际占有。所谓"芳林列于轩庭，清流激于堂宇"，自然已是园林内部的所有。《池上篇·序》云："地方十七亩，屋室三之一，水五之一，竹九之一，而岛池桥道间之"。以后又有"三分水，二分竹，一分屋"❹的总结，正说明着凭借自然物对园林空间的大量占用，以期达到制造自然气氛的目的。

至于以何种方式组织这些自然素材，即以何种方式呈现出来，就成了选取和占有之后的关键问题。"本样呈现"在这里成了最重要的指导。所谓"（戴颙）乃出居吴下，吴下士人共为筑室，聚石引水，植林开涧，少时繁密，有若自然"❺。又，

❶《园冶注释·相地》，计成著，陈植释，陈从周校，中国建筑工业出版社，1988年，58页。

❷《宋书·谢灵运传·山居赋》。转引自：余英时，《士与中国文化》，上海人民出版社，1987年，341页。

❸《世说新语·栖逸》。

❹《洛阳名园记》。

❺《宋书·戴颙传》。转引自：周维权，《中国古典园林史》，清华大学出版社，1990年，46页。

❶《宋书·刘勔传》。转引自：周维权，《中国古典园林史》，清华大学出版社，1990年，46页。

❷ 白居易，《草堂记》。引自：《中国历代名园记选注》，陈植、张公驰选注，陈从周校，安徽科学技术出版社，1983年。

❸ 白居易，《自题小草亭》。转引自：王铎，《径欲曲、桥欲危、亭欲朴——谈园林中的径、桥、亭》，《古建园林技术》，1983年第5期。

❹ 这里，还应交代的是，和前章末节"自然的难题"相联系，"本样呈现"因立场明确，在方法层面上固然是清晰的。但同时在根本问题上出现模糊——"本"是什么？贾政父子对此意见就很不一。不知为什么曹雪芹没有安排进一步的辩论。一个原因也许就在于争论了也不会有结果。指望经历、性情等各方面差别如此之大的父子经过辩论而能达成共识当然是不可能的。事实上，宝玉那层意思，贾政先前已用一句"固系人力穿凿"说明了，有着更多经历的父亲当会全面而又有重点地投己所好。不能说郊乡村的墙、建筑、花木的布置等不符合前述之"本样呈现"（详见下章），但贾宝玉的驳斥却也是依据"本样呈现"而进行的。估计到最后，贾宝玉会纠缠在"何谓天然"上，贾政则会抱住"以慰我心"不放。曹雪芹自己最终也没表态，虽然他似乎站在宝玉一边。这一段的描写显得是草草收兵，争论当然也就下了之。文见曹雪芹：《红楼梦》第十七至十八回"大观园试才题对额，荣国府归省庆元宵"。

"（刘勔）经始钟岭之南，以为栖息，聚石蓄水，仿佛丘中，朝士爱素者，多往游之"❶。这些都是先于计成的"虽由人作，宛自天开"的早期表述，意思是相当的。

所有上面讨论的还只是就自然和人的一面出发，最后还有一个焦点，即对人工构筑物的处理。似乎"本样呈现"不能成为处理的依据。因为建筑物本就是人工的，它的"本样"何在？做法是，首先在数量上缩小建筑所占的比例（这是为了保证自然物对园林空间的大比例的占用）；其次是使建筑在体量上矮小而分散；最后是落实在建筑自身的，利用建筑材料的"本样"而作安排。白居易的庐山草堂是"木，斫而已，不加丹；墙，圬而已，不加白；阶用石，幂窗用纸，竹帘纻帷，率称是焉"❷。他的履道里的草亭是"新结一茅茨，规模俭且卑。土阶全垒块，山木留半皮"❸。以对朴素、简拙的表现来表示对自然的亲近（图3-6）。

这样以"本样呈现"的方式，对自然物进行组织，对人工物加以清洗、淡化，并在心理上始终将其纳入自然，同时自己也化成自然一物，终于营造出一方"自然"天地，实现前述之对独立自我的保护和消解❹。

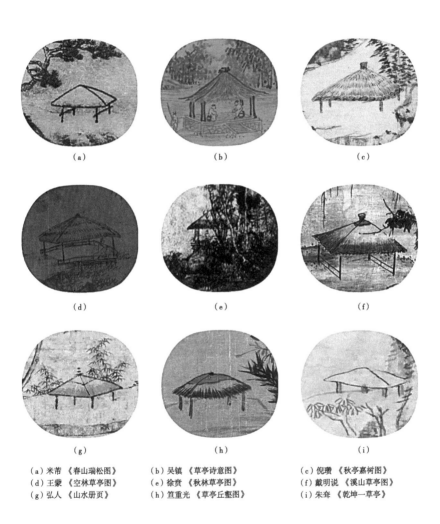

（a）米芾 《春山瑞松图》　　　（b）吴镇 《草亭诗意图》　　　（c）倪瓒 《秋亭嘉树图》
（d）王蒙 《空林草亭图》　　　（e）徐贲 《秋林草亭图》　　　（f）戴明说 《溪山草亭图》
（g）弘仁 《山水册页》　　　　（h）笪重光 《草亭丘壑图》　　　（i）朱耷 《乾坤一草亭》

图3-6　历代部分文人画中的草亭

第4章

园林作为生活的空间

主体意识是个体意识发展到一定阶段的产物。所谓主体意识的启蒙是指明清之际部分思想家、哲学家对人的独立本质进一步的论述。与前代相比，诸哲以"实学"自居，发动了对以往文化的清理和批判。一个最大的不同，即开始了对人的现实生存的全面的关注。配合着蓬勃发达的商业活动，心学和禅宗作为时代的思想武器，给予了人的现实生活和物质欲望以前所未有的肯定。因此，市民意识的流传与扩张是主体意识启蒙内容的一部分。虽然这一阶段对主体意识的认识有限，这种认识对社会的影响也有限，但世俗生活的确成了世人关注的对象。摆脱了"道"的压制的"器"有独立存在的理由。较前一时期生活的艺术化而言，在这一阶段则表现为艺术向现实的靠近，向世俗的靠近——艺术生活化了。这一时期的园林营造中，有了更多生活内容的介入，更多人工因素的介入。园林作为生活的空间，空前地人工化、程式化和结构化了。曲廊在园林中的出现和大量使用成为这一时期的园林区别以往的最大表征，同时也标志了自魏晋开始，一直轻视秩序的中国古代园林的结构化的最后完成。对世俗情趣的追求和人工因素的大规模的渗入，使得在本时期的园林营造中，自由的表达已代替了对自然的追求，空灵远人的意境也被改换成为生动活泼的形式，成为中国古代园林的终结者。

4.1　主体意识的启蒙和艺术的生活化

4.1.1　明清之际主体意识的启蒙与市民意识的扩张

明清之际，再次出现了一股异常激烈的文化批判思潮。它是中国文化史上的一次自我批判、自我拯救，也是一次自我总结[1]。除却现实的政治-经济原因，它的发生具有深刻的思想史上的渊源。起直接点火煽风作用的是由宋而始的"心学"和自唐而生的"禅宗"。二者相互刺激、携手并进，发扬起这股文化史上空前张扬"自我本心"的思潮[2]，客观上宣扬了人的主体意识和人的社会价值。因而被认为具有近代启蒙的色彩。

似乎是为了证实孔子当年"七十而从心所欲"[3]的言说，心学确实是儒学史上最后发展和成熟的流派。不过，被提出来的"心"却是渐行渐远——"逾矩"了。"心"的奋进过程也就是主体意识的启蒙过程。

主体意识的启蒙是从否定天理人欲之分开始的。陆九渊说："天理人欲之言，若天是理，人是欲，则是天人不同矣"[4]。并进而提出"人皆有是心，心皆具是理，心即理也"[5]。使人心获得了天理的资格，并进而获得本体论的意味。所谓"宇宙即吾心，吾心即宇宙"[6]。

[1] 葛荣孚，《宋明理学与近代新学之间的桥梁——明清实学》，《文史知识》，1988年第6期。

[2] 关于禅宗对此期文化的影响，请参阅：葛兆光，《禅宗于中国文化》，上海人民出版社，1986年，102~120页。

[3] 《论语·为政》。参：冯友兰，《中国哲学简史》，北京大学出版社，1996年，41页。

[4] 《语录上》。转引自：成复旺，《中国古代的人学与美学》，中国人民大学出版社，1992年，407页。

[5] 《与李宰》。转引自：成复旺，《中国古代的人学与美学》，中国人民大学出版社，1992年，408页。

[6] 《年谱》。转引自：成复旺，《中国古代的人学与美学》，中国人民大学出版社，1992年，408页。

❶ 《王文成公全书·语录·传习录》。转引自：周明初，《晚明士人心态和文学个案》，东方出版社，1997 年，32 页。

❷ 《王文成公全书·语录·传习录》。转引自：周明初，《晚明士人心态和文学个案》，东方出版社，1997 版，32 页。

❸ 《传习录·答罗整庵少宰书》。转引自：周明初，《晚明士人心态和文学个案》，东方出版社，1997年，32 页。

❹ 《传习录下》。转引自：成复旺，《中国古代的人学与美学》，中国人民大学出版社，1992年，410页。

❺ 《王心斋先生遗集·语录》。转引自：周明初，《晚明士人心态和文学个案》，东方出版社，1997年，37 页。

❻ 《焚书·答邓石阳书》。转引自：周明初，《晚明士人心态和文学个案》，东方出版社，1997 年，40 页。

❼ 本段文字摘自：成复旺，《中国古代的人学与美学》，408~411 页。有关心学后人对自我的进一步肯定和张扬，请参阅该书 412~426 页，另见：张世英，《天人之际——中西哲学的困惑与选择》，人民出版社，1995 年，36~43 页。

是王阳明最后完成了心学的庞大的理论体系，并使之成为明代中后期的哲学主流。"心虽主乎一身，而实管乎天下之理；理虽散于万事，而实不外乎一人之心。是其一分一合之间，而未免已启学者心理为二之弊"❶。对人心的推重和强调，使得自我也跟随膨胀。"人胸中各有个圣人，只自信不及，都自埋倒了"❷。人心也因之成为评判是非的标准。"夫学贵得于心，求之于心而非也，虽其言出于孔子，不敢以为是也，而况其未及孔子者乎？求之于心而是也，虽其言出于庸常，不敢以为非也，而况其出于孔子者乎？"❸

人要自信本心，这激励了人们的自主意识；人要破除迷信，这启发了人们的怀疑精神。更重要的是，心学兼容了"愚夫愚妇"，接近了人们的生活实际。"与愚夫愚妇同的，是谓同德，与愚夫愚妇异的，是谓异端"❹。而在这之前，孔孟之言才是唯一的标准。心学后人更有"百姓日用条理处即是圣人条理处……圣人之道无异于百姓日用……有异于百姓日用的皆谓之异端"❺以及"穿衣吃饭即人伦物理"❻的主张。如此三方面综合一处，也就此强调了人的主观能动性和主体意识❼。

对传统套路的不以为然，甚至深以为非，而竟至"掀天翻地"，还自以为是。回归人的现实生存，并且有着这样的态度，心学以及心学传人也就自然地对世事人生重作计较，另作安排。一个重要的变化，即是针对宋明理学的"空谈性命"之风，心学以"实学"自居，讨论并肯定了"治生"问题。这对明清之际思想界有着深刻的影响。后人干脆有以《学者以治生为本论》为题的专文，指出物质基础对于个人社会存在的重要❶。而配合晚明以来商业活动的活跃，自然为原为"四民"之末的商人地位的上升开了方便之门，接引了后世市民意识的扩张。

先是王阳明以"古者四民异业而同道，其尽心焉，一也"❷。抽象地肯定了四民的平等地位，无意中为商人的擢升留下了伏笔。其后学泰山一脉何心隐则接着重新排座，以为"商贾大于农工，士大于商贾，圣贤大于士"❸。商人地位的上升自有其现实的经济基础，而出自思想家之口的言说当然不是简单的默许和肯定。心学异端李贽"将心比心"，论述了商人的"不易"和"难能"，因而"可贵"❹。这也不只是一般的"同情"。清初宗阳明之学的唐甄更是身体力行，弃职经商，并以为"我之以贾为生者，人以为辱其身，而不知所以不辱其身也"❺。明清之际进步思想家多有鼓吹工商者，也正是多从经济生活的独立自足对维持个人尊严和人格的意义的角度出发的。市民意识的扩张也就带有主体意识启蒙的色彩。

❶　"确尝以读书、治生为对，谓二者真学人之本事，而治生尤切于读书……唯真志于学者，则必能治生。天下岂有白丁圣贤、败子圣贤哉！岂有学为圣贤之人而父母妻子之弗能养，而待养于人者哉！"（《陈确集·学者以治生为本论》）。转引自：余英时，《士与中国文化》，上海人民出版社，1987 年，523 页。

❷　《阳明全书·节庵方公墓表》。引自：余英时，《士与中国文化》，上海人民出版社，1987 年，525 页。

❸　《何心隐集·答作主》。转引自：余英时，《士与中国文化》，上海人民出版社，1987 年，531 页。

❹　《焚书·又与焦弱侯》。转引自：成复旺，《中国古代的人学与美学》，中国人民大学出版社，1992 年，436 页。

❺　《潜书·养重》。转引自：余英时，《士与中国文化》，上海人民出版社，1987 年，522 页。

理学大师朱熹是用"以夫子之道反害夫子之道"来指责开创心学的陆九渊的。事实上，排除情绪成分，这话倒正可作为对心学的深刻揭示。我们自可从这"害"中觉察出心学对传统浓厚的批判意味。同样，我们也可从这种"以牙还牙"中得知这种批判最终的不彻底性。终被"夫子之道"所"害"是它的宿命。前述之"逾矩"，到底还是"珠之走盘，不待拘管而自不过其则也"❶。立论的缺陷，使得它对人的主体意识的开发有限且不能持久。而随着传统势力的再度结阵和心学根基缺陷的不可弥补，心学最终也滑入老路，去求得一心的太平了❷。明代中后期的这股轰轰烈烈的思想解放思潮，如一个水漂般，最终不了了之。而市民意识却因之获得了一种堂皇、体面的含义，并因有着现实的支持，从而始终浮在水面上。"士而商""商而士"成为明清之际以后一个流行的成语❸。文人文化与市民文化的相互影响和相互改造，以及由此表现出的较为一致的世俗化的倾向成为此期文化的一个显著特征。

4.1.2 审美的解放和艺术的生活化

主体意识的启蒙和市民意识的扩张共同作用的结果，就是世俗生活成为世人关注的对象。市民

❶《明儒学案·卷十二》。转引自：成复旺，《中国古代的人学与美学》，中国人民大学出版社，1992年，414页。

❷ 从心学尤其是心学末流被后人视为"落空学问"中，可看出与它曾经批判过的对象的殊途同归。见：葛荣晋，《宋明理学与近代新学之间的桥梁——明清实学》，《文史知识》，1988年第6期。

❸ 余英时，《士与中国文化》，上海人民出版社，1987年，528页。

文化自不待言，表现在文人文化中，本书第3章所述的自闭的文人文化圈，就出现了情感的社会性回归❶。一个重要的方面，即是对世俗情趣的接纳。这种对世俗情趣的追求和表达，与其因为没有特别表现出对前章文人趣味的坚持而被认为是文人的堕落，还不如说它开发了审美的另一领域而名之为审美的解放。

　　明人袁宏道就明确地表达了这层意思。他以为只有当时的一些市井民歌才是明代的真诗。"近来诗学大进，诗集大饶，诗肠大宽，诗眼大阔。世人皆以诗为诗，未免为诗苦；弟以'打草杆'、'劈如玉'为诗，故足乐也"❷。他甚至认为只有这些"极其变""穷其趣"的民歌才是代表着明代诗歌的最高成就的作品。这就完全颠倒了雅文学与俗文学的地位，变为以俗为高、以俗为归了。

　　这种思想在明清之际并不是个别的。徐渭、李贽、汤显祖阐述于前，龚自珍、黄宗羲议论于后。"这不是一两个人，而是一批人，不是一个短时期，而是迁延百年的一种潮流和倾向。如果要讲中国文艺思潮，这些的确是一种具有近代解放气息的浪漫主义的时代思潮。"❸

　　这种立足于人的现实生存基础上的世俗情趣也成了明清文人画的一个特点。"这实际上是笼罩于此期各种题材之上的一种共有的倾向，就是对生

❶ 林木，《明清文人画新潮涩》，上海人民美术出版社，1991年，49页。

❷ 《袁中郎全集·与伯修》。转引自：成复旺，《中国古代的人学与美学》，中国人民大学出版社，1992年，503页。

❸ 李泽厚，《美的历程》，199页。另参：胡益民、周月久，《儒林外史和中国士文化》，安徽大学出版社，1995年，156页。

❶ 林木，《明清文人画新潮》，上海人民美术出版社，1991年，128~130页。

❷ "肉眼""道眼"，语出唐文凤跋马远《山水图》，"远又出新意，极简淡之趣，号'马半边'，今此幅得李唐法。世人以肉眼观之，无足取也，若以道眼观之，则形不足而意有余"。见：林木，《明清文人画新潮》，上海人民美术出版社，1991年，134页。

❸ 钱钟书，《七缀集·中国诗与中国画》，上海古籍出版社，1994年，1~27页。

❹ 语出：冯梦龙，《序山歌》。转引自：成复旺，《中国古代的人学与美学》，中国人民大学出版社，1992年，503页；又见：余英时，《士与中国文化》，上海人民出版社，1987年，542页。

活的靠拢、亲近与深入"❶。日常生活中经常接触的蔬果出现了。有着众多人物活动，甚至带有情节性质的山水画出现了。包括以"道眼观之，无足取，以肉眼观之，则意不足而形有余"❷的风俗性的作品也登上了文人画的大雅之堂。文人画的这种转向，当以特别的眼光视之。因为和诗文相比，文人画更直接地与个体精神挂钩，在此之前一直是以空灵远人、神清气淡为最高画品的❸。它的这种转向，足以说明了时代思潮的自觉和深入。

世俗化也正是此期文化（包括文人文化和市民文化）的共同特征。对于世俗生活，思想家们以理晓之，指出"百姓日用即是人伦物理"；文学家们以情动之，发现了这里有"发名教之伪药"❹的真情。如果说明清以前文人们还试图通过生活的艺术化以寻找另一可以托付此心的世界，那么此期文人艺术的生活化则正表明了文人们对"理即此心，心即此身"因而扎实于此世的觉悟。

当然，这种对现世人生的充分肯定，对于文人而言，或多或少地还是带有"托物言志"的意味。而且作为一股思潮，它最终也趋熄灭。但它所发明的现世人生的意义，特别是所倡扬的对世俗情趣的追求却能够剥离母体，被后世文人和市民很顺手地迎接了来，自觉或不自觉地实行着。尤其表现在此期的园林营造上，我们可以在其中看出物质

❶ 孟岩，《文人园林：观念、风格、形式法则的演变》，清华大学建筑学院 1991 届硕士论文，导师：周维权。

上自足的商人和精神上自满的文人如何自如地贯彻这一原因，并决定了此期与以往的大大不同。正如孟岩在论述晚期文人园林风格时所说——"先前把'自然'认为是理想乐园的文人们这时需要的却是有'自然'加入的世俗乐园。"❶

4.2　曲廊
　　——园林空间的结构化

4.2.1　"合久必分"
　　　　——主题与形式的分离

　　"士而商""商而士"，文人文化与市民文化的彼此改造和相互影响，使得在日趋世俗化、生活化的园林营造中，对"肉眼"的满足也就日显重要。园林能够提供纯粹视觉形象而使人获得感官愉悦的一面也就日受重视。一般的文人和市民自不待言，即使是对某些以得道自居的文人而言，也是不免于此且不以为害的。因为本来，文人的朋友和尚们说：只要"顿悟本心"，那么"逢缘对镜，见色闻声，举足下足，开眼合眼，悉得明宗，与道相应"❶。换句话说，就是只要"我心依然是中国心"，那么是穿中山装还是西装，是没有所谓的。❷

　　形式表现因而具有活动出去、进而独立出来的可能。这在前期的园林营造中是不多见的，前文所概括的"本样呈现"正表明了作为内容的主题对形式的绝对统治和形式对主题的亦步亦趋——它的意义只在于"本（主题之）样呈现"。而在此期的园林营造中，形式表现开始可以"本（己）样呈现"了。

❶《释氏要览》卷下引《宗镜录》。转引自：葛兆光，《禅宗与中国文化》，上海人民出版社，1986年，30页。

❷ 落实到园林创作中，就是"是惟主人胸有丘壑，则工丽可，简率也可"。《园冶注释·题词》，计成著，陈植释，陈从周校，中国建筑工业出版社，1988年，37页。对"心"的肯定，还可参看其下一句——"此计无否之变化，从心不从法，为不及"。

园林营造中这种形式表现的相对独立的另一个原因还在于形式的"自在生存"正是此期人对自我肯定的自然流露，接近对人的自由本质的认识。同样的例子还表现在明清文人画对笔墨的强调上。一般而言，明清以前，画家多注意笔墨如何与造型有机地和谐。而到了明清，却出现了有意识地提倡二者分离的新论调，并有意地贬低具象描绘的地位而突出笔墨自身的价值。而且还很快形成风气，使得笔墨表现成了当时评画的最重要的标准。从而促成了"绘画自律性"在中国艺术中的加强。❶

形式的"能够独立出去"还在于主题表现的新手法的出现——景名题写。对景名题写的依赖甚至是过分依赖，使得主题对形式的倚重大大削弱。极端的情况是，形式趁此走了个彻底，大家彼此干净。

景名的撰写自宋而后，开始成为比较重要的问题❷。这一点也并未因艺术的生活化而有所变化。其实，所谓艺术的生活只是相对于生活的艺术化而言，是指在此期的园林营造中，生活本身的内容要占据更大的分量，并且牵扯着艺术向它的贴近，而并不是说不要艺术了。而且，所谓艺术的生活化和生活的艺术化，与其将它们看成两个对立的过程，还不如将它们视为双向运动的互补，各自熨合了文人心理的一个方面。事实上，对利用题名、

❶ 本段文字请参阅：林木，《明清文人画新潮》，上海人民美术出版社，1991 版，155~176 页。时人对笔墨的各个方面，诸如特征、感受及情趣等给予了全面的论述，并有"作画第一论笔墨"的说法，见《山南论画》149 页。

❷ "……试择其蚋蚁之余，加以斧斤乃为亭二，为庵，为斋，为楼各一。虽卑隘仅可容膝，然清泉修竹，便有远韵。又伐恶木十许根，而好山不约而至矣。乃以'生远'名楼，'画舫'名斋，'潜玉'名庵，'寒秀''阳春'名亭，'花'名亭，'蝶'名径……"。北宋王滂，《蓦山溪·序》，《全宋词》第二册。转引自：王毅，《园林与中国文化》，上海人民出版社，1990 年，708 页。

题写来昭揭"深刻"的主题这一手法的重视，正是始于此期。景名撰写的重要性可由曹雪芹借贾政之口而出的一番言语表明，"偌大景致，若干亭榭，无字标题，也觉寥落无趣，任有花柳山水，也断不能生色。"❶

　　只要理解心学和禅宗对"心"的极端肯定，我们就可以理解主题存在的重要性。同样，只要我们明白心学和禅宗的"单刀直入"的表达方式，我们也就明白主题表达对题写景名这种方式何以如此倚重。在前期，如果因爱董仲舒而建"读书堂"，那么，圣贤的书还是要有的；如果因为倾慕严子陵，而要建"钓鱼庵"，那么起码得如"渔人之庐"。至于"采药圃"里真有药，"种竹斋"旁必有竹、"浇花亭"边必有花更是理所当然的❷。在此，主题表达需要形式"本样呈现"，需要环境的相应相合。这一点即使是在贾政的大观园里也有所表现。比如要表达归农之意，就真的是"黄泥筑就的矮墙，墙头皆用稻茎掩护……篱外山坡之下，有一土井，旁有橘槔辘轳之属，下面分畦列亩，佳蔬菜花，漫然无际"❸。现在好了，新的方法是"一题了之"。

　　禅宗是因为对"心"的肯定和必定会产生的"字障"而讲究"不立文字"而直接地"以心传心"。在园林营造中，文字是因为其不需环境的提示，能

❶ 《红楼梦》第十七至十八回"大观园试才题对额，荣国府归省庆元宵"。

❷ 以上均见司马光之《独乐园记》。

❸ 《红楼梦》第十七至十八回"大观园试才题对额，荣国府归省庆元宵"。

简明从而直接地"深入人心",并可引发较为广泛的联想,以及能直接地表达某种情绪而成为当时乃至于今的文人们所喜闻乐用的一种表达方式(这也是后世山水画中题名、题诗大盛以及闲章在文人中普遍流行的一个原因)。于是,"见山楼"未必见山(拙政园),"云帆月舫"不在水中(避暑山庄),"退思草堂"是瓦木结构的(退思园)……但是,前者是因为"胸中自有丘壑",所以山自在眼前了;其后是由于"月来满地水",水也自在身边了。至于后者,则可用"道眼"观之,也就"形不足而意有余"了。

如此,形式俯就"肉眼",提供景观的物质形象;主题趋从"道眼",诱发对应的心理想象。它们可以相互配合而相辅相成,更可以彼此分离而"相反相成"或"竟不相成"。"在极端的情况下,它(指园林和园林景观——引者注)可能仅仅是文字游戏和形式游戏偶然的重叠"❶。也即"今东坡之言曰:'吾所谓文,必以道俱。'则是文是文,道是道,待作文时,旋去讨个'道'来入放里面"❷。朱熹觉得这样不好——"此是它大病处"。而这在某种程度上是被时人以"两全其美"的态度接受的。

❶ 孟岩,《文人园林:观念、风格、形式法则的演变》,清华大学建筑学院1991届硕士论文,导师:周维权。

❷ 《朱子类语》一百三十九。转引自:林木,《明清文人画新潮》,上海人民美术出版社,1991年,23、128~130页。

4.2.2 曲廊的意义
——园林空间的整体性、结构化和程式化

整体性首先是指文人文化的相对独立和完整，以及在围绕文人志趣这一共同目标下的，各文化部类的相互联系和普遍成熟。随着时间的推移，越到后来，举凡文人生活所涉及的种种，如诗书画印、琴棋酒茶等等，无不深深地打上了文人的烙印，投合着文人的情趣。而园林营造和园居生活正是它们之间发生联系、进而磨合和得以施行，从而各自达到成熟的重要场所和重要媒介。同时，它们也无一例外地都与园林创作和欣赏发生着广泛的联系，并为园林设计者自觉地吸收为创作的养料。园林是独立而完整的文人文化的最集中的体现。

其次，是指园林空间的整体性。应该指出，空间的完整一直是皇家园林营造的出发点和追求的目标[1]。而对于文人园林包括深受文人园林影响的其他园林，完整的空间观都是被有意地忽视的[2]。直到后来，尤其是在明清之际以后的园林营造中，由于新观念的影响，营造一个统一的，各局部能够彼此照应的空间景观体系才成为自觉地追求的目标并得以妥当地体现。

一个原因就是因为对世俗情趣的追求而有的对"肉眼"的重视。越到后期，私家园林的空间也就越

❶ 见本书第1章。

❷ 见本书第2、3章。

❶ 郑板桥语。1992年南方实习时,我在残粒园便听到了主人明确地对同地其诸园的此种否定。

❷ 参看:梁世英,《书法于环境艺术》,《装饰》,1991年第2期。梁认为"诗词书法匾额是人的文化精神借助于空间的一种表现……可以使感觉空间在时间这一向度上无限延伸……(从而)延伸和扩大环境的时空感",并且以为"在使用空间与物质双重短缺的情况下……用诗词对联等书法艺术品引起人的联想来扩大空间感,则是最高明的手法之一"。

❸ 过度追求的结果就是张岱对改建后的献花阁的评价:"五雪叔归自广陵,一肚皮园亭,于此小试。台之、亭之、廊之、栈道之。照面楼之侧,又堂之、阁之,梅花缠折施之,未免伤板、伤ص、伤排挤,意反局山背。"(《陶庵梦忆》)

❹ 钱溪梅,《履园丛话》。转引自:周向频,《中国古典园林结构分析》,《中国园林》,1995年第3期。

❺ 参看:王毅,《园林与中国文化》,上海人民出版社,1990年,719页。

狭小,而对空间美学信息量的要求却并不因此而降低。对于有着较高文化修养的精神上自满的文人而言,这能够轻易地做到。因为"室雅何须大,花香不在多"❶——这是对"量大为美"的轻视和否定。通过"一峰则太华千寻,一勺则江湖万里"的环境提示和相应的景名题写就足够演化出一至大无外、至小无内的心理空间❷。而对于其他更多的人包括"还俗成家"的文人来说,视觉方面的满足是更直接和更重要的。

"步移景异",是对此期众多园林的描述,更是当时对园林的要求。"造景"以及"造更多的景"成为园林的首要任务❸。借景和对景也正是在这个前提下被提倡的。而在日渐狭小(或总嫌不够大)的空间中,一时出现如此众多的景点,对它们加以整理以期获得最佳的视觉效果也就成为当然。在这种情况下,"造园如同作文"指的就不是二者意境追求的一致,而已经是更有针对性的表达方式的相同了,所以下文接的是"必使曲折有法,前后呼应,最忌堆砌,方称佳构"❹。"位置合宜""制作合度"等也屡屡出现在当时的园记中。❺

于是,代替前期对诸如秩序、结构和中心的有意忽视,此期的园林开始讲究主次相依、前后相应、彼此相衬。一个有着完整的景观计划的园林也就出现了。不过,对大部分园林而言,它之能以整体而非散漫的面貌呈现，还在于曲廊在园林中的大量使用。如果说，前期是凭借着围墙来强调着园林内外的划分，那么此期就是依靠着曲廊在园林内部的翻山越岭、跋山涉水、前穿后插、左冲右突而使各局部凝结成一个整体。

对廊的重视始自明末，不然，计成就不会费心将"古之曲廊，俱曲尺曲"改成"今余构曲廊，之字曲者"❶。更不会特意在书中交代。而且这肯定还不是一般的重视。否则他就不会在谈到廊房基时，以"园林中不可少斯一段境界"❷结束。

我们对这种重视也应加以重视，因为廊是所有园林建筑中最简单的一种，也是最有意思的一种——它从来不是一个能够独立存在的建筑——将它称为"连廊"是永远不会错的。它不是起点，不是终点，而始终只是一中间状态。所以计成以及同期及其后世人对廊的重视至少可说明两点。一，说明了此期对形式的普遍重视。二，说明了此期对园林的整体性和结构化的重视。不然，一个连接构件会有多大作用？廊对园林的整体性和结构化的完成的贡献可由惠山园和谐趣园的前后差别明显得知（图4-1、图4-2）。

廊的加入，使得形式的体系化成为可能。对廊的重视，标志着对园林全面把握的真正开始。而廊在全园范围内的广泛使用，则标志着园林空

❶《园冶注释·屋宇》，计成著，陈植释，陈从周校，中国建筑工业出版社，1988年版，91页。

❷《园冶注释·立基》，计成著，陈植释，陈从周校，中国建筑工业出版社，1988年版，71页。

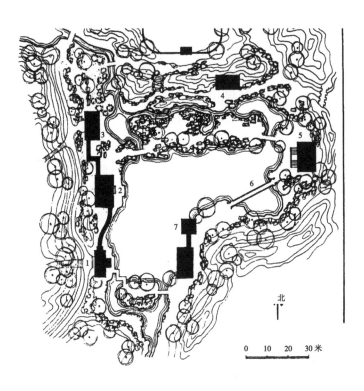

1—园门；2—澹碧端；3—就云楼；4—墨妙轩；5—载时堂；
6—知鱼桥；7—水乐亭

图4-1　惠山园平面设想图
（图片来源：《中国古典园林史》250页）

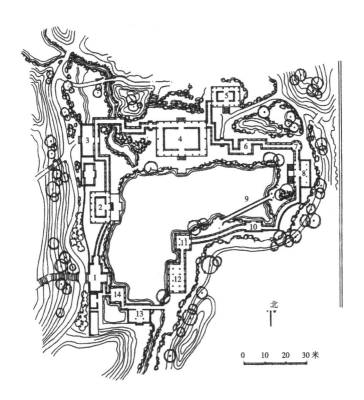

1—园门；2—澄爽斋；3—瞩新楼；4—涵远堂；5—湛清轩；6—兰亭；7—小有天；
8—知春堂；9—知鱼桥；10—澹碧；11—饮绿；12—洗秋；13—引镜；14—知春亭

图4-2　谐趣园平面图
（图片来源：《中国古典园林史》，251页）

间结构化的最后完成。廊也因此获得非凡的表现力
（图4-3~图4-5）。

对整体性的强调带来园林空间的结构化，结构化的凝练和提升就是程式化。程式化是从各具体个别园林中概括出来的共性，因此具有对于各具体个别的园林创作的指导意义。事实上，程式化是任一艺术门类成熟的标志。所以，有着若干千年的艺术实践，而且有着相对一贯的审美定势，那么中国园林在明清时代进入它的成熟期也就是当然的。它的走向程式化也是必然的。

比如，在总体布局中，多盛行一水当中而其余建筑山石围绕之的空间格局。在具体景观营造中，多有松竹梅的组合、亭廊树的组合等等。明人程羽文《清闲供》一书中的《小蓬莱》一章，对之加以了很典型的描写：

"门内有径，径欲曲；径转有屏，屏欲小；屏进有阶，阶欲平；阶畔有花，花欲鲜；花外有墙，墙欲低；墙内有松，松欲古；松下有石，石欲怪；石面有亭，亭欲朴；亭后有竹，竹欲疏；竹尽有室，室欲幽；室旁有路，路欲分；路合有桥，桥欲危；桥边有树，树欲高；树荫有草，草欲青；草上有渠，渠欲细；渠引有泉，泉欲瀑；泉去有山，山欲深；山下有

图4-3　拙政园小飞虹
　　　（图片来源：《苏州古典园林》，100页）

图4-4　拙政园宜两亭北望
　　　（图片来源：《吴冠中自选速写集》，232页）

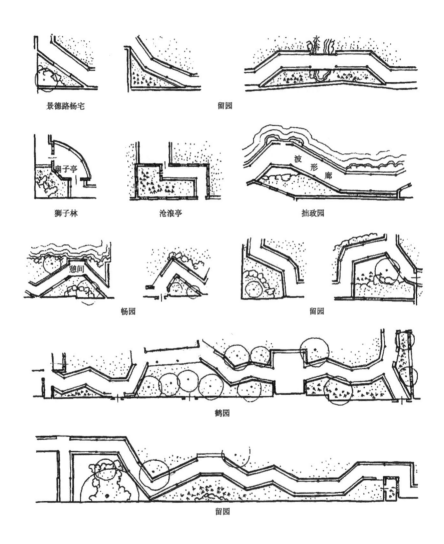

图4-5　曲廊平面
（图片来源：《苏州古典园林》，203页）

❶ 转引自：王铎，《径欲曲、桥欲危、亭欲朴——谈园林中的径、桥、亭》，《古建园林技术》，1983年第5期。

❷ 王毅，《园林与中国文化》，上海人民出版社，1990年，708页。

屋，屋欲方；屋前有圃，圃欲宽；圃中有鹤，鹤雅舞……"❶

程式化的最后完成，是一种艺术门类最后成熟的标志，但同时也是它衰败的开始。尤其对于中国古代以"自然"为主题的园林，就更是如此。计成因此在他的《园冶》中反复强调"有法无式"，至于是否能做到这点，这是见仁见智、冷暖自知的事。王毅在这之中发现了程式僵化腐朽的气息，并深深地感叹着它"对园居者精神的桎梏"❷。这是现代人的感受。而对于乐感浓重的中国古人，有的更多的也许还是享受现成的自由和快乐。一边坚持所谓"自然天性"和独创性，一边又积极地认同古代的传统和程式，如何自如地往来于两地之间？对于此点，孟岩在他的论文中有着精彩的分析，现摘录如下：

"'仿'与自由的模仿，是晚期（即指明清之际以后——引者注）艺术家乐于采用的创作方式，借用传统的程式，加上自己的创造：由于使用一个基本的原型作为提示或激发创造灵感的媒介，于是不必花费过多的精力去重新构思，艺术创作的目的便更加集中于个人风格特点上。这里，文人艺术表现某种情感活动的主张被推向极端，艺术活动几乎停止了对主题和更深层内涵的开掘而仅仅在'仿'的举动中展示微妙的形式表现，于是在一个整体面貌下文人艺术的生命逐渐走向窒息。"❶

"非是人磨墨，而是墨磨人"。不过，这对于"将志向消磨掉，复将消磨当志向"（余秋雨语）的士人而言，又算些什么呢？

❶ 孟岩，《文人园林：观念、风格、形式法则的演变》，清华大学建筑学院 1991 届硕士论文，导师：周维权。

4.3　自由、生动
——明清之际以后的园林和园林建筑

　　文人普遍的还俗成家使得此期文人文化在整体上呈现出世俗化的趋向，而商人的加盟和市民文化的流行无疑加速了这一进程。表现在此期的园林营造中，自由的表达代替了对自然的追求，空灵远人的意境改换成了生动活泼的形式。自由和生动成为此期园林不同于以往的最大特征。

　　这种变化首先来自于主题和形式的相对分离，从而保证了各自的自由发挥。若干年的经营，文人文化的各部类都已相当地成熟，这使得对主题的选择已如同点歌单般似的轻松：叫"月到风来"可以，称"水流云在"也行。当然，更由于艺术对生活的长时期的全面的浸入，以及此期对寻常事物的重新理解，使得能够引逗主题发生的景物已经俯拾即是，题写也相对宽松。种两棵海棠，权称"海棠春坞"，植一丛枇杷，且唤"枇杷院"。有亭名舫，水意即涌；是屋曰斋，静意顿生。

　　更鲜明地表现此期园林"自由、生动"风格的，还在于明清之际以后，园林在形式层面上一反常态地追新逐异和炫奇斗巧。这与前述之艺术的生活化、世俗化的倾向有着当然的联系。它是追求视觉满足的必然结果。

人造景观尤其是建筑景观对于此期的园林意义大概不言而喻。由于此期园林用地大多狭小，且多无天资可借。人造景观就成为"使大地焕然改观"❶的唯一选择。贯穿计氏《园冶》全文的，或者是对自然景观的人工整理，或者直接就是人工景观的创作。而有关建筑各方面的内容，举凡立基、屋宇、装折、门窗、墙垣等，无不备述，竟占正文的十分之六多。

建筑成为园林中相当活跃的因素，一个原因该在于它自身似乎无穷的表现力。园林建筑在清工部《工程做法则例》中被一般地目为"杂式建筑"。事实上它包括了凡能列举出的所有的建筑类型，而且还有为自己独有的建筑样式——舫（图4-6）。另外，因为是杂式，更无定规，故能常出意外，生化出似乎无穷的样式。而且越到后期，这一点也越自觉地成为设计者们花大气力的地方（图4-7、图4-8）。

而有着具体环境条件的建筑就更能别出心裁。园林中许多因有着不规则平面而格外生动的建筑多来自于环境的造就。从建筑与环境的结合中更可看出建筑创作的自由度。"宜亭斯亭，宜榭斯榭"❷，是环境对建筑的选择；而"惟榭祗隐花间，亭胡拘水际……亭安有式，基立无凭"❸，就是建筑对环境的主动选择。这两句话一是保证了建筑与环境结合的自然生成，再就是保证了双方尤其

❶《园冶注释·题词》，计成著，陈植释，陈从周校，中国建筑工业出版社，1988年版，37页。

❷《园冶注释·兴造论》，计成著，陈植释，陈从周校，中国建筑工业出版社，1988年版，47页。

❸《园冶注释·立基》，计成著，陈植释，陈从周校，中国建筑工业出版社，1988年版，76页。此段全文为："花间隐榭，水际安亭，斯园林而得致者……通泉竹里，按景山巅，或翠筠茂密之阿，苍松蟠屈之麓，或借濠濮之上，入想观鱼，倘支沧浪之中，非歌濯足。亭安有式，基立无凭"。

图4-6　退思园闹红一柯

（a）耸秀亭（故宫乾隆花园）　　　（b）善化亭（歙县潜口）　　　（c）长方亭（合肥香花墩）
（d）塔影亭（苏州拙政园）　　　（e）开网亭（西湖小瀛洲）　　　（f）与谁同坐轩（苏州拙政园）
（g）上谕亭（江西石钟山）　　　（h）朝晖亭（临潼华清池）　　　（i）五亭桥（扬州瘦西湖）

图4-7　似乎无穷样式的亭

　　（图片来源：《中国古亭》，中国建筑工业出版社，1994）

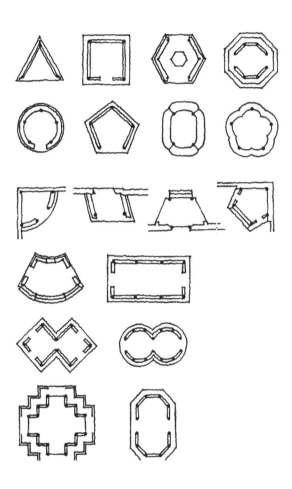

图4-8　各式各样的亭子平面

❶《园冶注释·立基》，计成著，陈植释，陈从周校，中国建筑工业出版社，1988年版，71页。

❷《园冶注释·立基》，计成著，陈植释，陈从周校，中国建筑工业出版社，1988年版，72页。

❸《园冶注释·园说》，计成著，陈植释，陈从周校，中国建筑工业出版社，1988年版，51页。

❹ 董乃斌，《儒学与文学》，《文史知识》，1988年第6期。

❺ 足够"自由"的结果，就是张岱评后来的越中蛾花阁："五雪叔归自广陵，一肚皮园亭，于此小试。台之、亭之、廊之、栈道之。照面楼之侧，又堂之、阁之、梅花缠折旋之，未免伤板、伤实、伤排挤，意反局臻"。（《陶庵梦忆》）

是建筑的自由发挥，而使二者的结合有着无穷多的可能性。建筑能在园林中占有支配性的地位，一是它能自成景观（"房廊蜒蜿，楼阁崔巍"❶）；二是它参与生成景观（"花间隐树，水际安亭"❷）；更在于它组织景观（"轩盈高爽，窗户虚邻，纳千顷之汪洋，收四时之烂漫"❸）。（曲廊在后期园林营造的广泛使用，原因也在于此）自由生动的园林建筑带来了园林自由生动的面貌。

不过，此期园主人中似乎并没有人认为自己的园林风格就是如此这般的。"自然"仍然是他们标举的大旗。关于这一点，可与前文所引朱熹论苏轼之文的"待作文时，旋讨个'道'来入放里面"相类比。而且这似乎还是那个时代的较为普遍的一个做法——"甚至那些小说戏曲作家，其创作明明已逸出了儒学的诗文为正统的范围，却也要根据'发乎情止乎礼'的原则作出'不关风化体，纵好也枉然'的声明，并在作品中放进大量枯燥的说教内容"❹。总之，后期园林如果真有"自然"的话，那是因为自由的得体；而所谓造作（即时人对园林的常有的品评之语）即不够自然也正是由于足够自由❺。

如此，明清之际以后，对于一般人而言，园林由心斋转为身斋，从表现意境到表达趣味，从追求超迈到流于随俗。中国古代园林在此获得了它的最后一个风格特征——自由和生动。当然，这里所说的"自由"，只是表达方式的"自由"。应该区分"自由表达"和"表达自由"两组词的含义。前者即是指前述之表达方式的自由；后者是指对自由的表达，是表达内容的自由。显然，如同前文对心学意义的分析，由于时代和文化的原因，本章概括此期园林风格特征所用的"自由"一词，是和前者相对应的。"围墙内的自由"——是对这种因为不触及根本而有的，表达方式的自由的更贴切和更形象的表达。恰如闻一多先生评中国古代诗歌而用的一句——"戴镣铐的舞蹈"。

余论

人
——文化的最初、最中、最重和最终

最后想谈谈对中国古代文化总体上的一点认识，以借此说明古代园林在现代生活中的作为。

柳浪闻莺的裸地与正在徒步的健身爱好者

❶ 庞朴，《中国文化的人文精神（论纲）》，《新华文摘》，1986年第3期。

❷ 陈鼓应，《老庄新解》，上海古籍出版社，1992年，3页。

❸ 徐复观，《中国人性论史》。转引自：陈鼓应，《老庄新解》，上海古籍出版社，1992年，第1页注①。

❹ 冯友兰，《中国哲学简史》，北京大学出版社，1996年，1页。

❺ 唐君毅，《中西哲学思想之比较研究》，商务印书馆，1943年，2页。

❻ 《光明日报》，1998年3月24日。

和所有其他文明的文化一样，中国文化当然也是由人创造且为人发生的。且不说孔孟的儒家就被人认为是人文主义❶；即使超凡脱俗似乎不食人间烟火的老庄道家，也被近现代学人体会是"为了人生与政治的要求而建立的"❷，以为"它的宇宙论可以说是它的人生哲学的副产物"❸。因此，中国哲学也就一般地被视为人生哲学而与更注重外部对象世界的西方哲学相对照。也因这个传统，冯友兰先生就以为"哲学，就是对于人生的有系统的反思的思想"❹。不能因此就说中国哲学狭隘，因为"人生在世"，中国的人生哲学并没有让"世界"外于人生。它所讨论的依然是"一切存在之全"。

是"天人合一"保证了这一点。"中国文化的根本精神，即部分与全体交融的精神"❺其实是"天人合一"的别一种说法。这里，"天"当然不是自然界的"天"，但却是由它体现的，包含着人同时又不自外于人的某种"天理"或"天命"。"合"是一个动词，因而更加关键。事实上，关于中国文化的根本精神，历来有着太多的说法，但大多都围绕着这个"合"字。"天人合一"自然是"合"，"求同"思维的概括是因为"合"的愿望的存在。而曾经被鼓吹的"和合文化"❻，则更是直接地坐实在"合"上。因为"合"，冯友兰先生认为不能简单地说中国哲学是入世的还是出世的——它"既是入

❶ 冯友兰，《中国哲学简史》，北京大学出版社，1996年，7页。

❷ 郁建兴，《论中国思想中的自然主义》，《新华文摘》，1992年第3期。

❸ 冯友兰，《中国哲学简史》，北京大学出版社，1996年，7页。

❹ 蒙陪元，《中国的心灵哲学与超越问题》，《学术论丛》，1994年第1期。

世的，也是出世的"❶（用郁建兴的话，就是"高世"❷的）。"合"是美妙的，所以"（中国哲学）就是最理想主义的，同时又是最现实主义的；它是很实用的，但是并不肤浅"❸。在《中国哲学史大纲》一书中，冯先生平静而不无自豪地写道。

因为在与"天"的合一中，此生能够获得最坚强的支持、最有力的依靠和最圆满的融通，所以对于一个中国人而言，"合"总是自觉不自觉地成为他的一个人生理想。而且它还不止是个理想，在许多情况下，中国人都可以认为自己是"合一"的，尤其是当他发现了"此心"时。

中国人特别的人生理想决定了他的独到眼光，这就是对个体心灵的极端重视。所以在对中国哲学要义的诸多概括中，会有"心灵哲学"❹一题。中国各派哲学不但在"合"的追求上惊人一致，而且在对"心"的重视上也是不谋而合。愈到后期，愈是如此。"以心证心""以心传心""心心相印""心平气和""心安理得"等成为成语和俗话流行于世。这里，应该给予"心安理得"以特别的重视。因为按照一般人的经验，当是"理得"方能"心安"的。这句成语，不但说明了中国哲学对此心的重视程度，也正体现了他的独到和深刻之处——它一针见血地表达了西方哲学所毕生追求的终极客观真理的终极性和客观性的虚妄，同时也就此区划了中西文化的彼此不同。

　　从此，中国人有福了。马克思说"哲学家只是用不同的方式解释世界，而问题是改造世界"[1]。移植到中国，就是"哲学家只是用不同的方式解释人生，而问题是改造此心"。"你如果不改造这个世界，那么你就改造自己的认识"——也即"物之不可胜也久矣。与其胜物，不若自胜"[2]。中国人自觉地主动地放弃了对外部自然的改造，而一心一意地扑在内在世界的经营上，通过敬然自诚，求得怡然自适，甚至会有昂然自得。

　　似乎眼睛总有盲点，气功必有罩门。中国哲学试图对人生加以全面的把握（所以才要求着自己既理想又现实，既实用又不肤浅），最后却落实到"小小"的人心上。这自然是中国哲学的独到和深刻处，却同时也成就着它的虚妄。冯友兰先生在《中国哲学史大纲》一书中特别指出："入世与出世是对立的，正如现实主义与理想主义是对立的。中国哲学的任务就是把这些反命题统一成一个合命题。这并不是说，这些反命题都被取消了。它们还在那里，但是已经被统一起来，成为一个合命题的整体"[3]。然而，且不说这种"统一"是否可能，单说冯先生所强调的"统一"和"取消"的差别，到底有多大？前引之张九成的话的下一句就是"彼我两忘，天下之能事毕矣"。这验证了"眼皮比天

[1] 马克思墓志铭。

[2] 张九成，《静胜斋纪》，《横浦文集·卷19》。转引自：王毅，《园林与中国文化》，上海人民出版社，1990年，662页。

[3] 冯友兰，《中国哲学简史》，北京大学出版社，1996年，7页。

空还要大"的俗话，它是"取消"还是"统一"？中国哲学发展的圆圈事实上并不意味着人生问题的圆满解决，相反，蕴涵于其中的一些矛盾和问题伴随着思想的展开和对系统性的追求，反而愈加突显。比如有与无，本与末，文化与自然，形上和形下，超越和内在等等的对立都依然存在。然而"所有这些，都已在'内外之两忘'中得到完整清楚的解决"❶——这到底是"取消"还是"解决"？

忘不了却说忘了，忘了还以为没忘。当中国哲学开始对"此心"已极端重视时，当我们被告知"得失寸心知，是非此心明"时，"自欺"和"欺人"也就一并从根本上无从消除。即使这不是题目的本义，但它却是题目中的必有之义。同时，由于对此心的极端重视，那对此心的治理整顿就成为人生和人生哲学的第一要紧事。儒道的区分正可从整顿的不同方面的分工中看出，也即从"天人合一"的"'一'于何处"中得知。前者是让人心合于天理（即社会伦理道德），后者是让人心流于自然（即宇宙自然真理）。于是，一个要"君子反其情以和其志"（荀子《乐论》），一个要"有人之形，无人之情"（庄子《德充符》）；一个要人"克己复礼"，屈从社会理性，一个要人"与天为徒"，顺从宇宙自然。而我们还要在这之中看到他们那自由、开放、超迈的"与天合一"的宇宙情怀。❷

❶ 郁建兴，《论中国思想中的自然主义》，《新华文摘》，1992年第3期。

❷ 成复旺，《中国古代的人学与美学》，中国人民大学出版社，1992年，218页。

　　至此，无论是儒家的"以人合礼"，还是道家的"以人合道"；是"子曰"，还是"佛云"，在一片"天人合一"的口号中，在那个"一"的追求中，人的声音终于日渐稀薄，被淹没、消释、灭解——缺席了。文化因其造就人的力量还异化着人，为人的文化终于成了制人的文化。恰如传说中印度的一个国王，为了安葬他的一个心爱无比的妃子，决定尽其所能、倾其所有地建造一座与之相称的陵墓，以寄托哀思。十年之间，国王日日过问。十年之后，终于完工。华丽非常的陵墓令前来视察的国王无比满意，但他还是前前后后、里里外外地仔细地查验，以期使它达到最最完美。果然，挑剔的国王最后还是发现了一点不和谐音。他恼怒地问道："这是什么？这也配搁在这儿?"——那是十年前他钟爱的妃子的灵柩。

　　在中国文化的发展史上，人也因此被撵出中心——似乎人的存在只是为了被改造，人的主体性和主动性只在于主动地放弃自己作为人所特有的自由本质从而或把自己递交给社会大家或投送于宇宙大化。也因此，魏晋之交、明清之际的那两股能够发表人的意见的声音，也就格外地令人欣喜，但却不能特别地让人振奋。因为，充其量，它们还只是大文化圈中的小打闹。而且，正如前文评价心学的那句"以夫子之道反害夫子之道"，它们从开始就被注定了最终要为"夫子之道"所"害"的命运。因此具体的心灵风暴不管多么狂飙横起，到头来，却还是旧活法。这使得无数仁人智者、英雄豪杰只能永远在旧范式中发生点甘苦自知的衍变。❶

　　因此，以传统"天人合一"语境为特色的中国古代文化在面对现代化的冲击时，它所面临的就不会只是一般地改造。它首先不能成为唯一而垄断现代人的思想资源和思想话语，而且在许多言表心声的文化中，它还不是最适合的。它无法提供和满足，当然也就更不会包办现代社会对人的更全面和更深入的认识和要求。这当然不是抹杀它曾有的和还会有的历史价值，而只是从时代整体上给予的评判。它自有它适合的时代，而现今，那个时代过去了。

　　这似乎令人沮丧。但这却是所有文化尤其是成熟文化的共同命运。因为任何文化尤其是成熟文化都包含着异化的成分，因而也是需要克服的成分。文化建设从来都是一个没有终点，要伴随着人类始终的过程。任何一种一劳永逸的企图都是不真实的，尽管它可能确实会带来此心的欢愉和安逸。这当然来自人的自由本质，"他的高贵在于他能超出当下，为自己设计并争得一个又一个更好的未来"❷。如果必须沿用"天人合一"这个词的话，那么"它同大自然（天）的和谐（将）是动态的，这种动态的和谐呈现为人和大自然（天）的和谐的

❶ 胡益民、周月久，《儒林外史和中国士文化》，安徽大学出版社，1995年，186页。

❷ 黄克剑，《在民族精神和时代精神的十字架前》，《读书》，1986年第4期。

❶ 黄克剑，《在民族精神和时代精神的十字架前》，《读书》，1986年第4期。

既得一致的不断被扬弃和新的一致目标的不断被提出和被追求"❶。推动这一过程发生的，事实上已经是马克思所言的，以"每个人的自由发展是一切人的自由发展的条件"的自由个性了。事实上，我们在魏晋之交和明清之际都可看出这一端倪。尤其是明清之际对自由的主体意识的张扬（当然这只是一定程度上的），也确实预示了中国文化的前进方向。只不过，中国古代文化虽能不自觉地产生它，但却不能有意识地哺育它，而更会自觉地扼杀它。

　　如此，中国文化绵延五千年的流变，正说明着人和文化的相互创造。同时，它所隐含的另一条脉络，即从类意识或说群体意识的自觉到个体意识的觉醒再到主体意识的启蒙❷，既昭示了中国文化的前进方向，同时也在根本上揭示了在人和文化的相互创造中，人因其独立自主性和主观能动性，从根本上而言，仍处在文化的中心地位——文化由人创造，为人发生，最终也将因人改变。这也是本部分题头——"人——文化的最初、最中、最重和最终"的含义。事实上，也正是凭借了这一点，才保证了人的自我完善，同时成就了社会的进步和文化的发展。"人的解放"和"人类的解放"才是包括马克思在内的中外思想家、哲学家、政治家们的主张和奋斗的目标。这样，主体意识的确立作为趋势连接着古今，它也将以此作为标准，发放古老文化

❷ 高文新，《社会发展与主体意识的进化》，《新华文摘》，1993年第9期。

进入现代生活的入场券。我们也将在这样的认识下借鉴传统而有所作为。

联系西方文化的演变，这一点似乎更能得到说明。西方文化当然也摆脱不了那种使人不成为人的异化力量，但它自中世纪以后的发展，却着实奠定了人在文化中的中心地位（以至于张世英先生在论述明清之际对人的主体性的呼唤时，用的是"中国近代哲学对西方主体性的召唤"这个标题[1]）。古希腊智者的"人是万物的尺度"为此期继承，成为近代人本主义思想的最早来源，并得到了全面的发挥和进一步的落实。哲学家们喊出了"研究人"的口号，艺术家们备受鼓舞地描写着人的生活，科学家们则极目张望，延伸着人的感觉和意志。这样，由反对神权压制开始，期间又经历了对机械自然因果必然性的斗争，在18世纪末到19世纪上半叶，以人的主体性原则为根本的西方近代哲学发展到了自己最高的阶段[2]。而伴随着工业化的进程，人的力量更得到了现实的发挥和空前的张扬——人不但成为中心，还成了全部和唯一。人在享受自我的同时也因此遭遇了巨大的甚至是难以排解的麻烦。

人在这种对自我的空前肯定中最终却依然陷入甚至更深的异化中去了——这确实也成了人本主义者难以排解的尴尬。于是，作为对前期文化的反动和解救，一股非人类中心的思想和消解人的主体

[1] 张世英，《天人之际——中西哲学的困惑与选择》，人民出版社，1995年，87页。

[2] 张世英，《天人之际——中西哲学的困惑与选择》，人民出版社，1995年，71页。另参：高文新，《社会发展与主体意识的进化》，《新华文摘》，1993年第9期。

性的主张就在西方滋生。东方古老的"天人合一"思维成为一剂中药也得到了西人的垂青。然而，在我们看来，西方文化的这种困境除了继续提醒我们从不存在什么完善永恒的文化样板之外，就是要求我们进一步去加深对人的全面理解——这也是一个没有终点的长跑；而并不意味着对人的中心地位坚持的失误。"由理性的胜利建立的社会制度和政治制度是一种高度令人失望的讽刺画"❶。这种讽刺只在于由于人对人的主体性的片面理解所带来的，将理性认作是人的主体性原则的唯一内容而得到的对理性的片面坚持。这种将片面当全部而有的对片面的坚持必然地带来人的深深的压抑。那种急于将人从中心处赶撵出去的主张只看到了问题的表面，也因此迷失了解决全部问题和根本问题的可能。走出西方文化困境这一怪圈，更根本的还在于以现代内容的多层面的主体意识去代替以往的那种以理性为唯一口号和旗帜的主体意识，从而使人的主体意识得到全面展开和全面发展，更进一步地把人从自然力和社会关系中解放出来❷。毕竟，"解救人的只能是人类自身"。

另一方面，在新文化建设中，传统文化并不能因此就袖手旁观。事实上，在现代化的进程中，企图彻底地摆脱传统同样是不可能的，而且也是不划算的。可以借用钱钟书先生对思想史的问题——

❶ 转引自：高文新，《社会发展与主体意识的进化》，《新华文摘》，1993年第9期。

❷ 高文新，《社会发展与主体意识的进化》，《新华文摘》，1993年第9期。

"许多严密周全的思想和哲学体系经不起时间的推排销蚀，在整体上都垮塌了，但是它们的一些个别见解还为后世所采取而未失去时效。好比庞大的建筑物已遭破坏，住不得人，也嚇不得人了，而构成他的一些木石砖瓦仍不失为可资利用的好材料"[1]。传统文化深沉的历史意识，自可使现代人清醒而不浮躁；其博大的宇宙情怀，则使人自信而不狂妄。他对人心的别一面的开发和体贴，将仍会作为养料而呵护现代人的心灵，并避免就此走向新的苍白。

[1] 钱钟书，《七缀集·读"拉奥孔"》，上海古籍出版社，1994年，34页。

　　古代园林在现代生活中的作为似也可从上述对传统文化的简单总结中得到提示和理解。在技术层面上的点滴经营，比如建筑的尺度把握，建筑与建筑的空间处理，人工元素和自然元素的组合，即笼统而言的景观营造的种种手法都可为现代造园所吸收和继承。另一方面，它所追求的"与天合一"的情趣也会有所保留。但可以肯定的一点是，它将更多地作为一种过去的风格参加到日益自由，因而日显多元的文化、园林的大合唱中。指挥这个合唱的当然是已经返回"中心"的"人"和他对新生活的思考。

　　以上对中国园林和中国文化的点滴体认是在若干年的学习中积累而来的。由于学识和修养的缘故，强作解人之处在所难免，恳请前辈和同好们不吝赐教。

参考文献

[1]　张世英. 天人之际——中西哲学的困惑与选择 [M]. 北京：人民出版社，1995.

[2]　成复旺. 中国古代的人学与美学 [M]. 北京：中国人民大学出版社，1992.

[3]　冯友兰. 中国哲学简史 [M]. 北京：北京大学出版社，1996.

[4]　陈鼓应. 老庄新解 [M]. 上海：上海古籍出版社，1992.

[5]　王毅. 园林与中国文化 [M]. 上海：上海人民出版社，1990.

[6]　余英时. 士与中国文化 [M]. 上海：上海人民出版社，1987.

[7]　葛兆光. 禅宗与中国文化 [M]. 上海：上海人民出版社，1986.

[8]　陶东风. 从超迈到随俗——庄子与中国美学 [M]. 北京：首都师范大学出版社，1995.

[9]　宁稼雨. 魏晋风度——中古文人生活行为的文化底蕴 [M]. 北京：东方出版社，1992.

[10]　袁济喜. 人海孤舟——汉魏六朝人士的孤独意识 [M]. 郑州：河南人民出版社，1995.

[11]　林木. 明清文人画新潮 [M]. 上海：上海人民美术出版社，1991.

[12]　宗白华. 美学散步 [M]. 上海：上海人民出版社，1997.

[13]　钱钟书. 七缀集 [M]. 上海：上海古籍出版社，1994.

[14]　蔡钟翔，曹顺庆. 自然、雄浑 [M]. 北京：中国人民大学出版社，1996.

[15]　袁济喜. 六朝美学 [M]. 北京：北京大学出版社，1989.

[16]　陈江风. 天人合一观念和华夏文化传统 [M]. 北京：生活·新知·读书三联书店，1996.

[17]　伍蠡甫. 中国画论研究 [M]. 北京：北京大学出版社，1983.

[18]　周明初. 晚明士人心态与文学个案 [M]. 北京：东方出版社，1997.

[19]　杨深编. 走出东方——陈序经文化论著辑要 [M]. 北京：中国广播电视出版社，1995.

[20]　王世仁. 理性与浪漫的交织——中国建筑美学论文集 [M]. 北京：中国建筑工业出版社，2015.

[21]　列维·布留尔. 原始思维 [M]. 丁由，译. 北京：商务印书馆，1981.

[22]　阿诺德·豪泽尔. 艺术社会学 [M]. 居延安，译. 上海：学林出版社，1987.

［23］　陈植，释．陈从周，校．园冶注释［M］．北京：中国建筑工业出版社，1988.

［24］　周维权．中国古典园林史［M］．北京：清华大学出版社，1990.

［25］　刘敦桢．中国古代建筑史［M］．北京：中国建筑工业出版社，1980.

［26］　陈植．中国历代名园记［M］．张公弛选按．陈从周校．合肥：安徽科学技术出版社，1983.

［27］　刘敦桢．苏州古典园林［M］．北京：中国建筑工业出版社，2005.

［28］　李允鉌．华夏意匠［M］．北京：中国建筑工业出版社，1985.

［29］　彭一刚．中国古典园林分析［M］．北京：中国建筑工业出版社，1986.

［30］　天津大学建筑系，北京市园林局．清代御苑撷英［M］．天津：天津大学出版社，1990.

［31］　天津大学建筑工程系．清代内廷宫苑［M］．天津：天津大学出版社，1986.

［32］　张家骥．中国造园史［M］．太原：山西人民出版社，2004.

后记

"知敬畏、有依循，敢创造、懂赞美"……

2019年7月的一天，我和同事前往延庆参观中国北京世界园艺博览会。较20年前我国首次在昆明举办的世园会，无论是规划还是建设，是展览还是运营，北京的世园会无疑都更加的成熟和精当，尤其是参展的各地、各国展园，更是屡现精妙之作。我在园中即难免感慨：中文之"艺"与英文之"culture"本均有"种植"之意——世园会应该就是有关生存之道和生活之艺的博览……那些"知敬畏有依循、敢创造懂赞美"——赞美生命、赞美生活——的真诚之作当然就会得到更多的赞美。

这些感慨也源于对阿联酋馆的主题——Give me agriculture, I will give you civilization——的共鸣。要知道，我国更是被农业文明深刻塑造的国度（从浙江上山文化算起，至今我国的稻作文明已达万年）。任继愈先生曾著文将中国哲学概括为"是如何协调政治高度集权、经济极端分散这对矛盾的学问"。其中，极端分散的小农经济作为中国传统农业社会的经济基础，它和政治上高度集权之间的拉扯就是中国传统文化的底色。在传统文化语境里，古代中国园林作为"人间天堂"，是人工环境中美好且"自然"的代表，其实也是平衡这两者之间张力的产物，即使厚达千年，也是如此。

只是我年轻时候体会更多的是这种张力间的紧张。

这本小书本身就是当年对这种紧张状态思考的结果。

感谢我的母校北京林业大学风景园林系。在这里我接受了本科和研究生两个阶段的专业教育。这里既是中国现代风景园林教育的大本营，同时也是研习明代经典园林著作——《园冶》的阵地。这门课我分别在本科和硕士阶段都进行了学习，而且有幸都是孟兆祯先生亲自授课。我至今还记得他在对我们进行始业教育时说的话——"当我们欣赏一幅山水画时，我们会说这幅画真漂亮，像真的似的；而当我们到了真实的山水环境中，又会说这儿真漂亮，像画儿似的——园林就是一门研究和创造'真'和'美'的环境的专业"。感谢孟先生把我们领进了这个专业。但也必须承认，《园冶》这门课程听的时候真是津津有味，但在课后对照着已是20世纪末的外面花花世界时，一个年轻人心里难免会产生恍惚。

恍惚总要面对。因此还要特别感谢我的研究生导师梁伊任先生，等我1995年回母校在先生门下攻读研究生时，我不自量力地决心单刀直入，去直面古代中国园林何以"真美"并且"自然"时，梁先生给了我很大的支持（因为在开题时曾有老师好心提醒担心完不成）：一方面给我留下了足够自由发挥的余地；另一方面，及时给予的点拨，也使我不致流于异端。先生对年轻人的宽容和爱护至今令我感动（而我现在也近先生当年，更能体会这种及时肯定的难得，以及鼓励能带给年轻人的力量）。

后来还是幸运地如期完成了学业，（自以为是地）解决了一道自己给自己提出的课题。20年后再看，论文是一个年轻人在不知天高地厚（敬畏）的情况下，尚能有所依循，也能略有创见的思考：从生命体悟出发，以"空间意识"来切入文化与空间及古代园林风格的思路还算精当，整体论述的框架还算明晰，但刻画的线条确实粗阔，且强作解人之处也在所难免——不过文章的基本结论自以为还能经得起推敲，不需要修正。也就不揣浅陋，在当年论文的基础上，补充了部分图片，整理成了书稿，并公之于众，以见教于大方。

最后还要说的是，知敬畏、有依循，敢创造、懂赞美——园林确实是要创造一个"真美"和"善美"的世界——就是要赞美养育我们的土地、生生不息的族群以及美美与共的世界。